U0148501

高等职业教育"十二五"规划教材
编审委员会

高等职业教育"十二五"规划教材
国家技能型人才培养培训系列教材

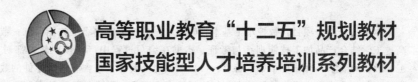

数控车床零件编程与加工

刘瑞已◎主　编

李　强　王新德　刘　韬◎副主编

任　东◎主　审

化学工业出版社

·北京·

本书共分四个项目：数控车工基本技能训练；数控车床中级工技能训练；数控车工强化训练与技能提高；工学结合产品加工技能训练与考证。本书在编写过程中严格按照教育部对《数控车床零件编程与加工》教材的要求，并体现了如下特色：(1) 知识的全面性。包含有轴类零件的数控车削加工、套类零件的数控车削加工、盘类零件的数控车削加工、综合类零件、配合件的数控车削加工，这其中还介绍了子程序和宏程序的编程与运用等内容。(2) 知识的梯度性。全书按照基本技能、中级工技能、强化训练、工学结合产品加工与考证这样一个螺旋式梯度进行介绍知识，能达到使学生逐步接受新知识，最后完成中级工考证和零距离上岗的目的。(3) 书中有【友情提示】环节，为学生提供了编程与加工中的注意事项，能使他们更牢地掌握其知识要点。(4) 每个项目章前有【教学目标】和【重点与难点】，项目后有思考与作业题，便于学生学习，更适合高职的教学要求。为方便教学，配套电子教案。

本书可以作为高职高专院校、成人高校、中等职业院校机电一体化、模具、数控等相关专业的教材，也可作为技能鉴定培训用书，并可供相关工程技术人员使用。

图书在版编目（CIP）数据

数控车床零件编程与加工/刘瑞已主编. —北京：化学工业出版社，2012.1
高等职业教育"十二五"规划教材
国家技能型人才培养培训系列教材
ISBN 978-7-122-12900-0

Ⅰ. 数… Ⅱ. 刘… Ⅲ. ①机械元件-数控机床：车床-程序设计-高等职业教育-教材②机械元件-数控机床：车床-加工-高等职业教育-教材 Ⅳ. ①TH13②TG519.1

中国版本图书馆 CIP 数据核字（2011）第 243432 号

责任编辑：韩庆利　　　　　　　　　　　　装帧设计：尹琳琳
责任校对：宋　玮

出版发行：化学工业出版社（北京市东城区青年湖南街 13 号　邮政编码 100011）
印　　装：三河市延风印装厂
787mm×1092mm　1/16　印张 11½　字数 275 千字　2012 年 1 月北京第 1 版第 1 次印刷

购书咨询：010-64518888（传真：010-64519686）　售后服务：010-64518899
网　　址：http://www.cip.com.cn
凡购买本书，如有缺损质量问题，本社销售中心负责调换。

定　　价：22.00 元

前　言

根据教育部《关于加强高职高专教育人才培养工作的意见》精神，为了适应社会经济和科学技术的迅速发展及教育教学改革的需要，根据"以就业为导向"的原则，注重以先进的科学发展观调整和组织教学内容，增强认知结构与能力结构的有机结合，强调培养对象对职业岗位（群）的适应程度，经过广泛调研，编写了本教材。

本教材是国家示范性高职院校建设项目成果，是国家级重点建设专业——数控技术专业核心课程教材。本教材由一批具有丰富教学经验、拥有较高学术水平和实践经验的教授、骨干教师和双师型教师在企业专家的参与下编写而成，确保了教材的高质量、权威性和专业性。

本教材编写过程中贯彻了以下原则：

（1）充分吸取高等职业技术院校在探索培养高等技术应用型人才方面取得的成功经验。

（2）把企业产品加工及职业资格证书考试的知识点与教材内容相结合，真正做到工学结合。

（3）贯彻先进的教学理念，以技能训练为主线、以相关知识为支撑，较好地处理了理论教学与技能训练的关系。

（4）突出先进性。根据教学需要将新设备、新材料、新技术、新工艺等内容引入教材，以便更好地适应市场，满足企业对人才的需求。

（5）以企业真实案例或产品为载体，营造企业工作环境，基于工作过程设计教学项目，使学生的学习更具实效。

（6）创新编写模式。在符合认知规律的基础上，按照企业产品生产过程或实际工作过程组织教材内容，将知识点和技能点贯穿于项目教学实施过程中，增加学生的学习兴趣，培养学生自主学习的能力，提升学生的综合素质。

（7）【友情提示】环节的设计，为学生提供了编程与加工中的注意事项，为使学生更牢地掌握其知识要点起了重要作用。

本书在结构的组织方面打破常规，以工程项目、任务为教学主线，通过设计不同的驱动任务将知识点和技能训练融于各个项目、任务之中，各任务又按照知识点与技能要求循序渐进编排，突出技能的提高，努力去符合职业教育的工学结合，达到真正符合职业教育的特色。使学生接触这些项目、任务后，可以实现零距离上岗。

全书以华中数控系统为蓝本，共有4个项目，其中项目一和项目三分别由湖南工业职业技术学院王新德、陈志坚编写，项目二由刘瑞己、李强编写，项目四由湖南交通职业技术学院刘韬编写。本书由刘瑞已任主编并统稿。

本书由湖南工业职业技术学院任东副教授任主审，并提出了许多有益的建议和意见。此外在本书编写的过程中还得到了长沙金岭机床有限责任公司、湖南晓光汽车模具有限公司等企业的专家大力支持和帮助，作者在此一并表示诚挚的谢意。

本书有配套电子教案，可赠送给用本书作为授课教材的院校和老师，如有需要可发邮件至 hqlbook@126.com 索取。

由于编者水平有限，书中不足在所难免，恳请广大读者批评指正。

编者

目　录

项目一　数控车工基本技能训练

【教学目标】
1. 认知数控车床；
2. 熟悉数控车床的组成、分类、特点及发展方向；
3. 熟悉数控车床操作面板与坐标系，并掌握数控车床的工件坐标系的建立方法；
4. 了解数控车床的保养、维护，具备一定的常见故障处理能力。

【重点与难点】
1. 数控车床操作面板的熟悉与工件坐标系的建立；
2. 数控车床的保养、维护与常见故障处理。

数控车床又称为 CNC（Computer Numerical Control）车床，即用计算机控制的车床。普通车床要靠手工操作机床来完成各种切削加工，而数控机床加工零件时，只需要将零件图形和工艺参数、加工步骤等以数字信息的形式，编成程序代码输入到机床控制系统中，再由其进行运算处理后转成驱动伺服机构的指令信号，从而控制机床各部件协调动作，自动地加工出零件来。当更换加工对象时，只需要重新编写程序代码，输入给机床，即可由数控装置代替人的大脑和双手的大部分功能，控制加工的全过程，制造出任意复杂的零件。因此，数控车床是目前使用较为广泛的数控机床。

任务 1.1　数控车床的认知

1.1.1　实训目的

（1）了解数控车床和普通车床结构上的区别；
（2）理解数控车床组成各部分和作用；
（3）能正确建立数控车床的坐标系。

1.1.2　实训指导

1. 数控车床的分类

数控车床主要是用于进行车削加工，在车床上一般可以加工各种轴类、套筒类和盘类零件上的回转表面，如内外圆柱面、圆锥面、成形回转表面及螺纹面等。在数控车床上还可加工高精度的曲面与端面螺纹。用的刀具主要是车刀、各种孔加工刀具（如钻头、铰刀、镗刀等）及螺纹刀具。其尺寸精度可达 IT5～IT6，表面粗糙度 Ra 可达 $1.6\mu m$ 以下。

随着数控车床制造技术的不断发展，形成了产品繁多、规格不一的局面。因而也出现了几种不同的分类方法。

（1）按数控系统的功能分类

① 经济型数控车床。经济型数控车床，如图 1-1 所示。它们一般是在普通车床基础上

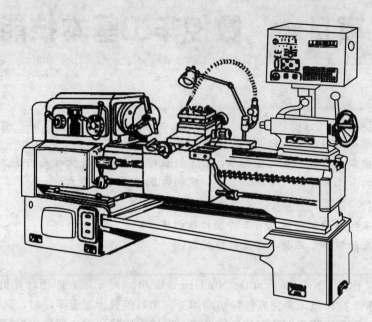

图 1-1 经济型数控车床

进行改进设计，采用步进电动机驱动的开环伺服系统。其控制部分采用单板机或单片机实现。此类车床结构简单，价格低廉，但无刀尖圆弧半径自动补偿和恒线速度切削等功能。

② 全功能型数控车床。全功能型数控车床就是通常所说的"数控车床"，又称标准型数控车床。它的控制系统是标准型的，带有高分辨率的 CRT 显示器，带有各种显示、图形仿真、刀具补偿等功能，带有通信或网络接口。采用闭环或半闭环控制的伺服系统，可以进行多个坐标轴的控制。具有高刚度、高精度和高效率等特点。如图 1-2 所示为某全功能型数控

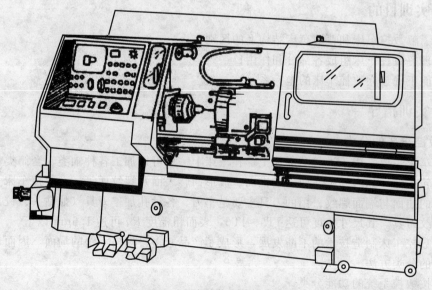

图 1-2 全功能型数控车床

车床的外形。

③ 车削中心。车削中心是以全功能型数控车床为主体，并配置刀库、换刀装置、分度装置、铣削动力头和机械手等，实现多工序的复合加工的机床。在工件一次装夹后，它可完成回转类零件的车、铣、钻、铰、攻螺纹等多种加工工序，其功能全面，但价格较高。

④ FMC 车床。FMC 车床实际上是一个由数控车床、机器人等构成的柔性加工单元。它能实现工件搬运、装卸的自动化和加工调整准备的自动化，如图 1-3 所示。

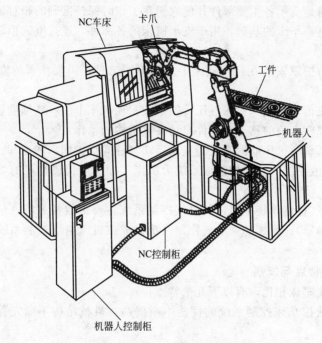

图 1-3　FMC 车床

(2) 按主轴的配置形式分类

① 卧式数控车床。主轴轴线处于水平位置的数控车床。

② 立式数控车床。主轴轴线处于垂直位置的数控车床。

还有具有两根主轴的车床，称为双轴卧式数控车床或双轴立式数控车床。

(3) 按数控系统控制的轴数分类

① 两轴控制的数控车床。机床上只有一个回转刀架，可实现两坐标轴联动控制。

② 四轴控制的数控车床。机床上有两个独立的回转刀架，可实现四轴联动控制。

对于车削中心或柔性制造单元，还要增加其他的附加坐标轴来满足机床的功能。目前，我国使用较多的是中小规格的两坐标连续控制的数控车床。

2. 数控车床的组成

(1) 主轴箱（床头箱）　主轴箱固定在床身的最左边。主轴箱中的主轴通过卡盘等夹具装夹工件。主轴箱的功能是支承主轴并传动主轴，使主轴带动工件按照规定的转速旋转，以实现机床的主运动。

(2) 转塔刀架　转塔刀架安装在机床的刀架滑板上，加工时可实现自动换刀。刀架的作用是装夹车刀、孔加工刀具及螺纹刀具，并在加工时能准确、迅速选择刀具。

(3) 刀架滑板　刀架滑板由纵向（Z 向）滑板和横向（X 向）滑板组成。纵向滑板安装在床身导轨上,沿床身实现纵向(Z向)运动;横向滑板安装在纵向滑板上,沿纵向滑板上的导轨实现横向(X向)运动。刀架滑板的作用是实现安装在其上的刀具在加工中实现纵向进给和横向进给运动。

(4)尾座 尾座安装在床身导轨上,并沿导轨可进行纵向移动调整位置。尾座的作用是安装顶尖支承工件,在加工中起辅助支承作用。

(5)床身 床身固定在机床底座上,是机床的基本支承件。在床身上安装着车床的各主要部件。床身的作用是支承各主要部件并使它们在工作时保持准确的相对位置。

(6)底座 底座是车床的基础,用于支承机床的各部件,连接电气柜,支承防护罩和安装排屑装置。

(7)防护罩 防护罩安装在机床底座上,用于加工时保护操作者的安全和保护环境的清洁。

(8)机床的液压传动系统 机床液压传动系统实现机床上的一些辅助运动,主要是实现机床主轴的变速、尾座套筒的移动及工件自动夹紧机构的动作。

(9)机床润滑系统 机床润滑系统为机床运动部件间提供润滑和冷却。

(10)机床切削液系统 机床切削液系统为机床在加工中提供充足的切削液,满足切削加工的要求。

(11)机床的电气控制系统 机床的电气控制系统主要由数控系统(包括数控装置、伺服系统及可编程控制器)、机床的强电气控制系统组成。机床电气控制系统完成对机床的自动控制。

3. 数控车床的特点与发展

数控车床与卧式车床相比,有以下几个特点:

(1)高精度 数控车床控制系统的性能不断提高,机械结构不断完善,机床精度日益提高。

(2)高效率 随着新刀具材料的应用和机床结构的完善,数控车床的加工效率、主轴转速、传动功率不断提高,使得新型数控车床的空转动时间大为缩短,其加工效率比卧式车床高2～5倍。加工零件形状越复杂,越体现出数控车床的高效率加工特点。

(3)高柔性 数控车床具有高柔性,适应70%以上的多品种、小批量零件的自动加工。

(4)高可靠性 随着数控系统的性能提高,数控车床的无故障时间迅速提高。

(5)工艺能力强 数控车床既能用于粗加工又能用于精加工,可以在一次装夹中完成其全部或大部分工序。

(6)模块化设计 数控车床的制造多采用模块化原则设计。

数控车床技术在不断向前发展着。数控车床发展趋势如下:随着数控系统、机床结构和刀具材料的技术发展,数控车床将向高速化发展,进一步提高主轴转速、刀架快速移动以及转位、换刀速度;工艺和工序将更加复合化和集中化;数控车床向多主轴、多刀架加工方向发展;为实现长时间无人化全自动操作,数控车床向全自动化方向发展;数控车床的加工精度向更高方向发展。同时,数控车床也向简易型发展。

4. 标准坐标系及运动方向

数控机床的坐标系包括坐标轴、坐标原点与运动方向。坐标系的建立是为了方便数控机床的控制系统分别对各进给运动实行控制,且简化程序的编制方法以及保证记录数据的互换性。

（1）坐标系 ISO（国际标准化组织标准 International Organization for Standardization）统一规定标准坐标系采用右手直角笛卡儿坐标系，如图 1-4 所示。该坐标系中，三坐标 X、Y、Z 表示三个直线坐标轴，三者的关系及正方向用右手定则判定，正方向分别为 $+X$、$+Y$、$+Z$；围绕 $+X$、$+Y$、$+Z$ 各轴的回转坐标轴分别为 A、B、C 坐标轴，它们的正方向用右手螺旋法则判定，正方向分别为 $+A$、$+B$、$+C$。与以上正方向相反的方向用带"′"的 $+X'$、$+A'$、……来表示。

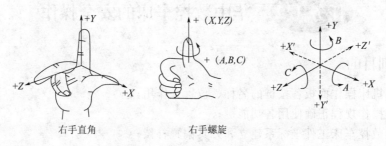

图 1-4　右手直角笛卡儿坐标系

（2）坐标轴运动方向和命名的原则

① 假定刀具相对于静止的工件运动。当工件移动时，则坐标轴符号上加"′"表示。（注：工艺和编程人员在编程时只考虑不带"′"的运动，机床设计者在设计时还要考虑带"′"的运动。）

② 刀具远离工件的运动方向为坐标轴的正方向。

③ 机床主轴旋转运动的正方向是按照右旋螺纹进入工件的方向。

（3）坐标轴

① Z 坐标轴。Z 坐标的运动是由传递切削动力的主轴所规定的。规定平行于主轴轴线的坐标为 Z 坐标，如果机床有许多主轴，则选尽可能垂直于工件装夹面的主要轴为 Z 轴；对于没有主轴的机床（如刨床），则规定垂直于工件装夹表面的轴为 Z 坐标。Z 坐标的正方向（$+Z$）是使刀具远离工件的方向。

② X 坐标轴。X 坐标一般是水平的，它平行于工件的装夹平面，平行于主要的切削方向。如果 Z 轴是水平的，则从刀具（主轴）向工件看时，X 坐标的正方向指向右边。如果 Z 轴是垂直的，则从主轴向立柱看时，对于单立柱机床，X 轴的正方向指向右边。对于龙门式机床，当从主要主轴向左侧看时，X 坐标的正方向指向右边。对于没有旋转刀具或旋转工件的机床，X 坐标平行于主要的切削力方向，且以该方向为正方向（$+X$）。

③ 机床的 Y 坐标。Y 轴垂直于 Z、X 轴，根据 Z、X 轴的正方向用右手判别法则确定 Y 坐标的正方向。

（4）附加坐标轴 为便于编程和加工，有时设置了附加坐标。对于直线运动：如在 X、Y、Z 主要运动之外的第二组平行或不平行它们的坐标 U、V、W，以及第三组运动 P、Q、R。对于旋转运动：A、B、C 以外的其他平行或不平行 A、B、C 的第二组旋转运动坐标 D、E、F。

1.1.3　现场参观

（1）参观历届学生的实训工件与工厂产品。

（2）参观学院和企业的数控设施。

1.1.4 思考与作业题

（1）根据数控车床实物说出数控车床的组成部分和作用。

（2）简要说明数控车床加工工艺范围与特点。

（3）完成任务单。

任务 1.2 华中数控车床的安全操作

1.2.1 实训目的

（1）熟悉机床操作面板各按键的名称、位置及作用；

（2）根据操作规程正确使用各功能键；

（3）熟悉数控车床工件坐标系建立和刀具偏置补偿；

（4）掌握文明、安全生产的要求。

1.2.2 实训指导

1. 操作装置

（1）操作台结构　HNC-21T 世纪星车床数控装置操作台为标准固定结构，如图 1-5 所示，其结构美观，体积小巧，外形尺寸为 $420mm \times 310mm \times 110mm$（$W \times H \times D$）。

（2）显示器　操作台的左上部为 7.5 英寸彩色液晶显示器，分辨率为 640×480，用于汉字菜单、系统状态、故障报警的显示和加工轨迹的图形仿真。

（3）NC 键盘　NC 键盘包括精简型 MDI 键盘和 F1～F10 十个功能键，标准化的字母数字式 MDI 键盘介于显示器和急停按钮之间，其中的大部分键具有上档键功能，当"Up-

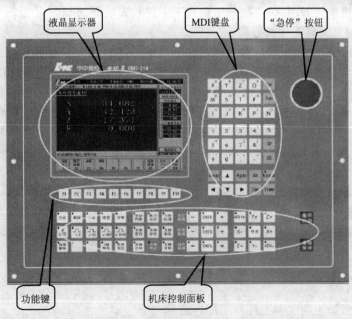

图 1-5　华中世纪星车床数控装置操作台

per"键有效时指示灯亮，输入的是上档键 ，F1～F10 十个功能键位于显示器的正下方，NC 键盘用于零件程序的编制、参数输入、MDI 及系统管理操作等。

（4）机床控制面板 MCP 标准机床控制面板的大部分按键除"急停"按钮外，都位于操作台的下部，"急停"按钮位于操作台的右上角，机床控制面板用于直接控制机床的动作或加工过程。

2. 软件操作界面

HNC-21T 的软件操作界面如图 1-6 所示 ，其界面由如下几个部分组成 。

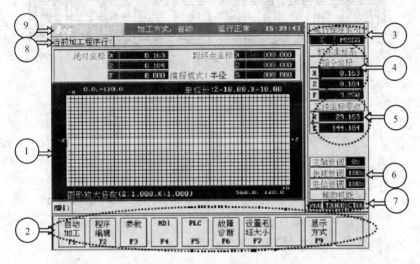

图 1-6　HNC-21T 的软件操作界面

（1）图形显示窗口　可以根据需要，用功能键 F9 设置窗口的显示内容。

（2）菜单命令条　通过菜单命令条中的功能键 F1～F10 来完成系统功能的操作。

（3）运行程序索引　自动加工中的程序名和当前程序段行号。

（4）选定坐标系下的坐标值　坐标系可在机床坐标系/工件坐标系/相对坐标系之间切换；显示值可在指令位置/实际位置/剩余进给/跟踪误差/负载电流/补偿值之间切换。

（5）工件坐标零点　工件坐标系零点在机床坐标系下的坐标。

（6）倍率修调

主轴修调：当前主轴修调倍率。

进给修调：当前进给修调倍率。

快速修调：当前快进修调倍率。

（7）辅助机能　自动加工中的 M、S、T 代码 。

（8）当前加工程序行　当前正在或将要加工的程序段。

（9）当前加工方式、系统运行状态及当前时间

工作方式：系统工作方式根据机床控制面板上相应按键的状态，可在自动、单段、手动、增量、回零、急停（复位）等之间切换。

运行状态：系统工作状态在"运行正常"和"出错"间切换 。

系统时钟 ：当前系统时间。

操作界面中最重要的一块是菜单命令条，系统功能的操作主要通过菜单命令条中的功能键 F1～F10 来完成。由于每个功能包括不同的操作，菜单采用层次结构 ，即在主菜单下选

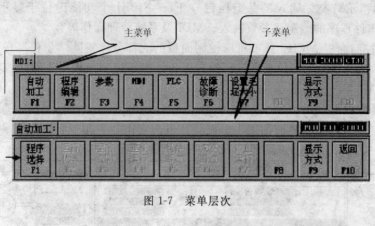

图 1-7　菜单层次

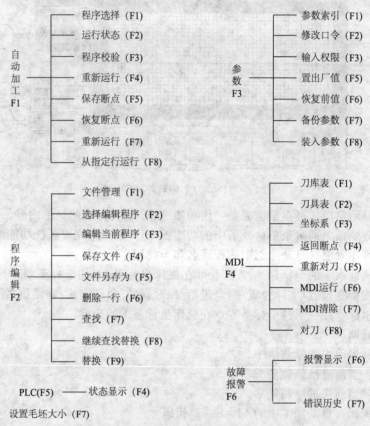

图 1-8　HNC-21T 功能菜单结构

择一个菜单项后，数控装置会显示该功能下的子菜单，用户可根据该子菜单的内容选择所需的操作，如图 1-7 所示。

当要返回主菜单时，按子菜单下的 F10 键即可，HNC-21T 的菜单结构如图 1-8 所示。

3. 数控机床开机、关机、急停、回参考点与急停

（1）数控机床开机

① 检查机床状态是否正常；

② 检查电源电压是否符合要求，接线是否正确；

③ 按下"急停"按钮；

④ 数控机床上电；

⑤ 数控系统上电；

⑥ 检查风扇电机运转是否正常；

⑦ 检查面板上的指示灯是否正常。

接通数控装置电源后，HNC-21T 自动运行系统软件，此时液晶显示器显示如图 1-6 所示，系统上电屏幕（软件操作界面）工作方式为"急停"。

（2）复位　系统上电进入软件操作界面时，系统的工作方式为"急停"，为控制系统运行，需左旋并拔起操作台右上角的"急停"按钮使系统复位，并接通伺服电源，系统默认进入"回参考点"方式，软件操作界面的工作方式变为"回零"。

（3）返回机床参考点　控制机床运动的前提是建立机床坐标系，为此，系统接通电源复位后首先应进行机床各轴回参考点操作，方法如下：

① 如果系统显示的当前工作方式不是回零方式，按一下控制面板上面的"回零"按键，确保系统处于"回零"方式。

② 根据 X 轴机床参数，回参考点方向，按一下"$+X$"键（回参考点方向为"$+$"）或"$-X$"键（回参考点方向为"$-$"），X 轴回到参考点后，"$+X$"或"$-X$"按键内的指示灯亮。

③ 用同样的方法使用"$+Z$"键，使 Z 轴回参考点，所有轴回参考点后，即建立了机床坐标系。

注意：

① 在每次电源接通后，必须先完成各轴的返回参考点操作，然后再进入其他运行方式，以确保各轴坐标的正确性。

② 同时按下 X、Z 轴向选择按键，可使 X、Z 轴同时返回参考点。

③ 在回参考点前，应确保回零轴位于参考点的回参考点方向相反侧，如 X 轴的回参考点方向为负，则回参考点前应保证 X 轴当前位置在参考点的正向侧，否则应手动移动该轴直到满足此条件。

④ 在回参考点过程中，若出现超程，请按住控制面板上的超程解除键不松开，向相反方向手动移动该轴使其退出超程状态。

（4）急停　机床运行过程中，在危险或紧急情况下，按下"急停"按钮，CNC 即进入急停状态，伺服进给及主轴运转立即停止工作，控制柜内的进给驱动电源被切断，松开"急停"按钮，左旋此按钮，自动跳起，CNC 进入复位状态。

解除紧急停止前，先确认故障原因是否排除，且紧急停止解除后应重新执行回参考点操作，以确保坐标位置的正确性。

注意：

在上电和关机之前应按下"急停"按钮以减少设备电冲击。

（5）超程解除　在伺服轴行程的两端各有一个极限开关，作用是防止伺服机构碰撞而损坏，每当伺服机构碰到行程极限开关时，就会出现超程，当某轴出现超程"超程解除"键内指示灯亮时，系统视其状况为紧急停止，要退出超程状态时，必须：

① 松开"急停"按钮，置工作方式为"手动"或"手摇"方式；

② 一直按压着"超程解除"按键，控制器会暂时忽略超程的紧急情况；

③ 在手动（手摇）方式下，使该轴向相反方向退出超程状态；

④ 松开"超程解除"键。

若显示屏上运行状态栏"运行正常"取代了"出错"表示恢复正常，可以继续操作。

注意：

在操作机床退出超程状态时请务必注意移动方向及移动速率，以免发生撞机。

（6）关机

① 按下控制面板上的"急停"按钮，断开伺服电源；

② 断开数控电源；

③ 断开机床电源。

4. 机床手动操作

机床手动操作主要由手持单元和机床控制面板共同完成，机床控制面板如图 1-9 所示。

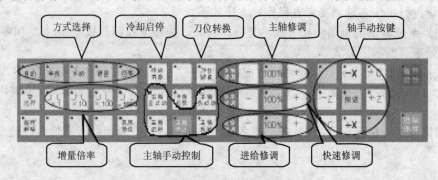

图 1-9　机床控制面板

手动移动机床坐标轴的操作由手持单元和机床控制面板上的方式选择、轴手动、增量倍率、进给修调、快速修调等按键共同完成。

（1）点动进给　按一下"手动"键，指示灯亮，系统处于点动运行方式，可点动移动机床坐标轴（下面以点动移动 X 轴为例说明）：

① 按压"+X"或"-X"按键，指示灯亮，X 轴将产生正向或负向连续移动。

② 松开"+X"或"-X"按键，指示灯灭，X 轴即减速至停止。

在点动运行方式下，同时按压 X、Z 方向的轴手动按键，能同时手动连续移动 X、Z 坐标轴。

（2）点动快速移动　在点动进给时，若同时按压"快进"键，则产生相应轴的正向或负向快速运动。

（3）点动进给速度选择　在点动进给时，进给速率为系统参数最高快移速度的 1/3 乘以进给修调选择的进给倍率。

点动快速移动的速率为系统参数最高快移速度乘以快速修调选择的快移倍率。按压进给修调或快速修调右侧的"100%"键，指示灯亮，进给或快速修调倍率被置为 100%，按一下"+"键，修调倍率递增 5%，按一下"-"键，修调倍率递减 5%。

（4）增量进给　当手持单元的坐标轴选择波段开关置于"Off"档时，按一下控制面板上的"增量"按键，指示灯亮，系统处于增量进给方式。可增量移动机床坐标轴（下面以增量进给 X 轴为例说明）。

① 按一下"＋X"或"－X"按键，指示灯亮，X 轴将向正向或负向移动一个增量值；

② 再按一下"＋X"或"－X"键，X 轴将向正向或负向继续移动一个增量值。

同时按压 X、Z 方向的轴手动按键，能同时增量进给 X、Z 坐标轴。

（5）增量值选择 增量进给的增量值由"×1"、"×10"、"×100"、"×1000"四个增量倍率按键控制，增量倍率按键和增量值的对应关系如下：

增量倍率按键	×1	×10	×100	×1000
增量值/mm	0.001	0.01	0.1	1

注意：这几个按键互锁，即按一下其中一个指示灯亮，其余几个会失效，指示灯灭。

（6）手摇进给 当手持单元的坐标轴选择波段开关置于"X"、"Z"两档，按一下控制面板上的"增量"键，指示灯亮，系统处于手摇进给方式，可手摇进给机床坐标轴（下面以手摇进给 X 轴为例说明）。

① 手持单元的坐标轴选择波段开关置于"X"档；

② 顺时针/逆时针旋转手摇脉冲发生器一格，可控制 X 轴向正向或负向移动一个增量值，用同样的操作方法使用手持单元，可以控制 Z 轴向正向或负向移动一个增量值。

手摇进给方式每次只能增量进给 1 个坐标轴。

5. 主轴控制

（1）主轴正转 在手动方式下，按一下"主轴正转"键，指示灯亮，主电机以机床参数设定的转速正转，直到按压"主轴停止"键。

（2）主轴反转 在手动方式下，按一下"主轴反转"键，指示灯亮，主电机以机床参数设定的转速反转，直到按压"主轴停止"键。

（3）主轴停止 在手动方式下，按一下"主轴停止"键，指示灯亮，主电机停止运转。

注意：按一下其中一个，指示灯亮，其余两个会失效，指示灯灭。

（4）主轴速度修调 主轴正转及反转的速度可通过主轴修调调节，按压主轴修调右侧的"100％"键，指示灯亮，主轴修调倍率被置为 100％，按一下"＋"按键，主轴修调倍率递增 5％，按一下"－"按键，主轴修调倍率递减 5％，机械齿轮换档时，主轴速度不能修调。

（5）机床锁住 机床锁住禁止机床所有运动。在手动运行方式下，按一下"机床锁住"键，指示灯亮，再进行手动操作，系统继续执行，显示屏上的坐标轴位置信息变化，但不输出伺服轴的移动指令，所以机床停止不动。

6. 其他手动操作

（1）刀位转换 在手动方式下，按一下"刀位转换"按键，转塔刀架转动一个刀位。

（2）冷却启动与停止 在手动方式下，按一下"冷却开停"按键，冷却液开，默认值为冷却液关。再按一下又为冷却液关，如此循环。

7. 手动数据输入（MDI）运行（F4→F6）

在图 1-6 所示的主操作界面下，按 F4 键进入 MDI 功能子菜。命令行与菜单条的显示如图 1-10 所示。

在 MDI 功能子菜单下按 F6，进入 MDI 运行方式，命令行的底色变成了白色，并且有光标在闪烁，如图 1-11 所示，这时可以从 NC 键盘输入并执行一个 G 代码指令段，即 MDI 运行。

图 1-10 MDI 功能子菜单

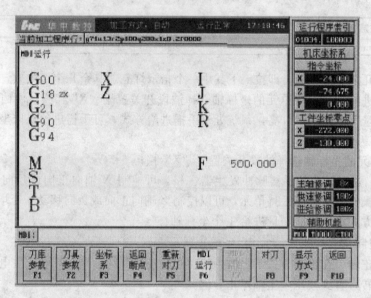

图 1-11 MDI 运行

注意：

自动运行过程中，不能进入 MDI 运行方式，可在进给保持后进入 。

（1）输入 MDI 指令段　MDI 输入的最小单位是一个有效指令字，因此，输入一个 MDI 运行指令段可以有下述两种方法：

① 一次输入，即一次输入多个指令字的信息；

② 多次输入，即每次输入一个指令字信息。

在输入命令时，可以在命令行看见输入的内容，在按 "Enter" 键之前，发现输入错误，可用 "BS"、"▶"、"◀" 键进行编辑，按 "Enter" 键后，系统发现输入错误，会提示相应的错误信息。

（2）运行 MDI 指令段　在输入完一个 MDI 指令段后，按一下操作面板上的，"循环启动" 键，系统即开始运行所输入的 MDI 指令，如果输入的 MDI 指令信息不完整或存在语法错误，系统会提示相应的错误信息，此时不能运行 MDI 指令。

（3）修改某一字段的值　在运行 MDI 指令段之前，如果要修改输入的某一指令字，可直接在命令行上输入相应的指令字符及数值 。

例如：在输入 X100，并按 Enter 键后，希望 X 值变为 109 ，可在命令行上输入 X109，并按 "Enter" 键。

（4）清除当前输入的所有尺寸字数据　在输入 MDI 数据后，按 F7 键可清除当前输入的所有尺寸字、数据，其他指令字依然有效，显示窗口内 X、Z、I 、K、R 后面的数据全部消失，此时可重新输入新的数据 。

在系统正在运行 MDI 指令时，按 F7 键可停止 MDI 运行。

8. 程序编辑、修改与建立

（1）新建与编辑程序 在软件界面下，按"F1"进入程序运行子菜单，再按"新建"，并输入 O×××× （由数字组成）文件名，进入程序输入对话框，然后再输入%×××× （由数字组成）程序名，此时可在该对话框中进行程序编辑，在编辑过程中，可以利用"BS"、"▶"、"◀"、"DEL"等键进行编辑，编辑完后可以按"保存程序"，再按"Enter"键确认即可。

（2）程序修改 同样在软件界面下，按"F1"进入程序运行子菜单，利用上下光标键选择要修改的程序，按"Enter"键确认，即可进入程序编辑界面，再利用"BS"、"▶"、"◀"、"DEL"等键进行修改，最后按"保存"和"Enter"键确认即可。

（3）程序删除 同样在软件界面下，按"F1"进入程序运行子菜单，利用上下光标键选择要删除的程序，再按"DEL"键即可。

9. 工件坐标系的建立

把工作方式打到手动方式，先手动平工件端面，并沿 X 方向退刀，然后按"刀具补偿"键，再按"刀偏表"键，同时把光标移到对应刀具的试切长度栏，按"Enter"键后输入长度值"0"，再按"Enter"键确认，此时可以移动 Z 坐标了，同样试切工件外圆，并沿 Z 向退刀，X 向不要动，停主轴，用游标卡尺量出试切工件处直径值，按照同样方法输入到对应刀具的试切直径一栏，最后按"Enter"键确认，此时工件坐标系就已建立。

1.2.3 5S 管理的内涵

1. 5S 的概念

"5S"是指整理（Seiri）、整顿（Seiton）、清扫（Seiso）、清洁（Seikeetsu）和素养（Shitsuke）这五个元素，因为这 5 个词语中罗马拼音的第一个字母都是"S"，故简称"5S"。

整理——区别要与不要的物品，现场不放非必需品。

整顿——将必需品放置整齐、明确标识，使查找时间减少为零。

清扫——保持工作地无垃圾、无灰尘，干净整洁的状态。

清洁——坚持整理、整顿、清扫的活动制度化。

素养——对规定的事，大家都要遵守和执行。培养员工遵守纪律、严守标准和富于团队精神的良好习惯。

2. 5S 的地位

在企业生产过程中，"5S"管理将车间的安全操作、设备维护、工作地管理、质量控制和物流管理等内容有机地融合，形成了一套简便易行、成效显著、标本兼治的车间生产的现场管理方法；对提高企业生产水平、经济效益和核心竞争能力，促进员工良好职业道德修养和职业技能的养成，推动企业健康发展，起到十分重要的作用；因而成为现代工业企业普遍采用和推广的重要管理方法，并逐步融入到企业文化中。

3. 5S 的意义和作用

（1）建立一个干净、整洁、舒适的工作环境。

（2）创造一个简洁、清楚、方便、安全和高效的工作条件。

（3）提升生产经营品质，改善企业形象，提高员工工作热情，创造更好的经济效益。

（4）5S不仅是一种方法，更是一种理念，它能够培养员工守纪律、爱清洁、讲方法、负责任的良好习惯、意识与品格。

1.2.4　5S情境的要素

1. 场地——工作地环境

（1）车间环境

墙壁——墙壁干净无污渍，上面布置工作图表、制度规定、技术规程和宣传展板等；窗框及窗台清洁，窗户玻璃明亮。

地面区域——功能区域划分合理，标示明显，且要严格执行。

通道——通道通畅、无占用，干净、安全和便利。

设备/设施——布局合理，整齐排列，外观清洁，且工况良好。

整体感觉——敞亮、整洁、规整、通风、舒畅、安静（相对）。

（2）车间"5S"管理的内容　包括机床设备、工具箱、柜、台面、工位、地面、脚踏板。

2. 整理

（1）工具箱中与本岗位工作无关的物品应一律清除，并将其分出常用与不常用的两部分，不常用的清除/入库，常用的保持够用，多余的清除/入库。

（2）工作地内除必要且规定配备的工具箱、脚踏板、工位器具外，其他物品一概要清除。

（3）车间内应合理划定区域，设备设施有固定位置，安全通道等要明确标示，并按规定实行与管理。

上述工作内容可根据各车间/组自身的特点细化，并以制度的形式固定下来，成为日常工作的组成部分。

3. 整顿

（1）工具箱中的工、量、辅具按照使用频度和重要程度合理摆放，并固定位置；使用后应及时归位，且班前班后均应目视检查。

（2）工作场地内的工具箱、工位器具、脚踏板等物品需按规定位置摆放，不得随意移动。

（3）待加工毛坯及合格品工件和残次品须分类置于指定的位置，不得混放。

（4）工作台上除必需的夹具和工件外，不得码放量具、工具、物料等其他任何物品。

（5）车间里的公共物品（如推车、卫生用具等）使用完毕后，应放回到规定位置。

以上内容要求，应根据各车间/组自身的特点进一步具体化，然后固定下来作为定置管理制度实行，并纳入管理考核中。

4. 清扫

（1）注意随时整理图样和工艺文件，并保持图样和工艺文件字迹清晰、干净整洁。

（2）工作时，在保证安全的情况下，应随时清理机床表面和工作台面上的切屑、铁锈、灰尘等物。

（3）对于未加工的毛坯，应对其表面附着物和氧化物进行清理，再进行装夹、加工。

（4）对于已加工完毕的工件，应去除毛刺，并擦除干净，然后按成品和次品分别装入工位器中。

（5）要及时清理工作地上的垃圾、油污和废弃物，保持工作场地的清洁。

（6）每个班次工作结束，必须将工作机床设备上的表面、工作台面和工作地面清理打扫干净（无油污、无切屑、无脏物、无灰尘）后，方可下班。

（7）对于车间公共场地的设施和物品等，应由值日班组/人员负责清扫。

要将上述清扫内容纳入岗位工作职责中进行检查与考核。

5. 清洁

（1）将整理、整顿、清扫的工作系统化、制度化和标准化，并经车间全体员工主动、认真和自觉地保持下去。

（2）通过清洁活动，创造愉悦的心境，根治脏、乱、差，彻底改善工作环境。

6. 素养

（1）将整理、整顿、清扫、清洁的活动延伸到工作的其他层面，使之成为日常工作中良好的工作方法。

（2）不断地追求和进取，将使守纪律、讲文明、负责任、爱清洁、有条理、讲方法的意识和行为逐渐培养成习惯，进而促进和提高个人的能力与修养。

1.2.5 实习学生的车间行为规范

1. 进车间

（1）时间。提前 10min 进实习车间。

（2）着装。穿着干净整洁的工作服、工作鞋、工作帽（女生），佩戴胸卡。

2. 行为要求

（1）语言文明、礼貌，口齿清楚、音量适中，杜绝粗话和脏话。

（2）保持安静，不得大声喧哗、打闹、嬉笑、哼小曲和吹口哨。

（3）注意个人卫生、仪表，不随地吐痰和乱扔废弃物等。

（4）不做与实习无关的事情，如吃东西、看读物、玩游戏、听音乐、聊天、打手机等。非休息时不得蹲、坐或倚物站立。

3. 班前准备

（1）整理、清点和检查。查岗位上配备的工、量、辅具状况和应处位置。

（2）润滑、清洁。班前润滑机器设备，清洁工作环境。

（3）布置。布置工作地，工、量、辅具及工位器具就位。

（4）行为要求。积极、认真、主动，同学之间要相互协作，互相支持、帮助，诚恳接受班前检查，及时改进不足之处。

4. 工作初段

（1）开班前会。听取指导教师布置当天工作内容及要求。

（2）接受任务。图样、工艺文件、任务单等。

（3）接活领料。接收上道工序转来的在制品或半成品，或者根据任务领取工件毛坯料，并置于规定位置。

(4) 技术准备。查阅图样、看工艺，计算必要技术参数，准备相应的工、卡、量具。

(5) 安全操作。严格遵守安全操作规程，认真操作机器设备。

(6) 调试和试切削。装夹工件，调整机床，工件试切削，调整参数。

(7) 质量检验。除操作者在加工过程中的工件检测外，完成本班次首件工件后，必须立即报专职检验员进行首件检查，首检合格后方可开始正常工作。

(8) 行为要求。严守安全操作规程，保证设备和人身的安全，遵守工作纪律，认真思考、虚心学习、真正读懂图样，并进行工艺分析、提取尺寸数据，计算切削加工参数，正确操作设备，精心加工，认真检测，保证质量。对首件检验不合格的工件，应立即进行质量分析，找出原因，在最短的时间内排除质量影响因素，必要时寻求指导教师的帮助。

5. 工作过程中

(1) 监视。监视设备运行的状况，对出现的异常情况及时处理，以保证安全生产。

(2) 工件自检。对加工工件进行实时自检，及时进行相应的切削参数调整及刀具的更换，以保证工序产品质量。

(3) 互检、专检。同时进行相同岗位之间互检与质检员专检。

(4) 工、量具使用。工、量具应正确使用，并按规定位置码放。

(5) 工件放置与处理。已加工工件擦拭、去除毛刺，并且避免碰伤、划伤，整齐码放在工位器中。

(6) 工作地清理。及时清理切屑、油污，实时维护工作场地清洁。

(7) 行为要求。严守安全操作规程，以保证设备、人身安全。

(8) 遵守劳动纪律。工作姿态：不做与工作无关的事情（听、看、聊、闹、吃、喝）。严守工作岗位，认真完成工作，不串岗和不脱岗，正当理由离开岗位需得到指导教师的允许。一般情况下，在休息时间去洗手间。

(9) 工间休息。自动按时开始和结束工间休息。根据规定，在休息时停机。

(10) 数控车床的使用环境。要避免光的直接照射和其他热辐射，避免太潮湿或粉尘过多的场所，特别要避免有腐蚀气体的场所。

(11) 数控车床的开机、关机顺序，一定要按照机床说明书的规定操作。

(12) 主轴启动开始切削之前一定关好防护罩门，程序正常运行中严禁开启防护罩门。

(13) 机床在正常运行时不允许打开电气柜的门。

(14) 加工程序必须经过严格检验方可进行操作运行。

(15) 手动对刀时，应注意选择合适的进给速度；手动换刀时，刀架距工件要有足够的转位距离不至于发生碰撞。

(16) 加工过程中，如出现异常现象，可按下"急停"按钮，以确保人身和设备安全。

(17) 机床发生事故，操作者注意保留现场，并向指导老师如实说明情况。

(18) 未经许可操作者不得随意动用其他设备。不得任意更改数控系统内部制造厂设定的参数。

6. 工作末段（结束前）

(1) 结束前的准备。距离实习结束前 20min，开始整顿清理、交接等工作。

(2) 工件处理。工件码放、清点、报检/填单，转至半成品中间库，返还未加工的毛坯料。

(3) 清理工作地。收拾工、卡、量具并归位，归还借用的工具和量具，擦拭机床设备，清除切屑和清扫工作场地。

（4）准备交接班。填写相关设备使用情况、本班次工作情况，以及下一班注意的问题等内容的交接班记录。

（5）行为要求。保持严谨认真负责的工作态度，做好工件报检和入库工作；按照5S管理要求和标准进行整理、整顿、清扫，以达到清洁的目的。认真完成交接班工作；虚心接受下班前的工作情况检查，并立刻整改，绝不拖到下一班去。

7. 离开车间

（1）检查物品是否收好、放置位置是否正确、机床电源是否关闭、工作箱柜是否上锁，避免遗忘。

（2）关灯、拉闸、关/锁大门，确保学校的财产安全。

1.2.6 注意事项

（1）操作练习前必须认真阅读机床操作说明书，并严格按操作说明书的操作顺序练习；

（2）刀具接近工件时，调节进给倍率开关，使之前进速度降低；

（3）工件坐标系建立和刀具偏置补偿就是对刀过程，方法不唯一，根据具体情况选择合适的方法；

（4）操作过程中出现故障，应立即向指导教师反映，切忌想当然盲目操作。

1.2.7 思考与作业题

（1）哪些零件适合用数控车床加工？

（2）数控车床通常由哪几部分组成？

（3）总结工件坐标系建立的方法，并详细写出对刀过程。

（4）完成任务单。

任务1.3 数控车床的保养、维护与常见故障处理

数控车床是机电一体化结构产品，它不仅包括机械、电子、电气控制方面的知识，且还包括计算机、自适应、液压、气动等方面的知识，故数控车床的故障排除较为复杂。这里在此方面略作介绍，以供参考。

1.3.1 实训目的

（1）熟悉数控车床使用中应注意的问题；

（2）熟悉数控系统维护保养；

（3）熟悉数控车床机械部件维护保养；

（4）熟悉数控车床日常维护保养；

（5）熟悉数控车床的常见故障，并具备一定的故障诊断能力。

1.3.2 实训指导

1. 数控车床使用中应注意的问题

（1）数控车床的使用环境　一般来说，数控车床的使用环境没有什么特殊的要求，可以

同普通车床一样放在生产车间里，但是，要避免阳光的直接照射和其他热辐射，要避免太潮湿或粉尘过多的场所，特别要避免有腐蚀气体的场所。腐蚀性气体最容易使电子元件受到腐蚀变质，或造成接触不良或造成元件间短路，影响机床的正常运行。要远离振动大的设备，如冲床、锻压设备等。

（2）电源要求 数控车床对电源也没有什么特殊要求，一般都允许波动±10%，但是由于我国供电的具体情况，不仅电源波动幅度大（有时远远超过10%），而且质量差，交流电源上往往叠加有一些高频杂波信号，故可采取专线供电（从低压配电室就分一路单独供数控车床使用）或增设稳压装置，可以减少供电质量的影响和减少电气干扰。

（3）数控车床应有操作规程 操作规程是保证数控车床安全运行的重要措施之一，操作者一定要按操作规程操作。机床发生故障时，操作者要注意保留现场，并向维修人员如实说明出现故障前后的情况，以利于分析、诊断出故障的原因，及时排除故障，减少停机时间。

（4）数控车床不宜长期封存不用 数控车床较长时间不用时，要定期通电，不能长期封存起来，最好是每周能通电1～2次，每次运行1h左右，以利用机床本身的发热量来降低机内的湿度，使电子元器件不致受潮，同时也能及时发现有无电池报警发生，以防止系统软件、参数的丢失。

（5）持证上岗 操作人员不仅有资格证，在上岗操作前还要有技术人员按所用机床进行专题操作训练，使操作人员熟悉说明书及机床结构、性能、特点，弄清和掌握操作盘上的仪表、开关、旋钮的功能，严禁盲目操作和误操作。

（6）检测各坐标 在加工工件前须先对各坐标进行检测，复查程序，对加工程序模拟试验正常后，再加工。

（7）防止碰撞 操作工在设备回到"机床零点"操作前，必须确定各坐标轴的运动方向无障碍物，以防碰撞。

（8）关键部件不要随意拆动 数控车床机械结构简单，密封可靠，自诊功能日益完善，在日常维护中除清洁外部及规定的润滑部位外，不得拆卸其他部位清洗。对于关键部件，如数控车床的光栅尺等装置，更不得碰撞和随意拆动。

（9）不要随意改变参数 数控车床的各类参数和基本设定程序的安全储存直接影响机床正常工作和性能发挥，操作人员不得随意修改。如操作不当造成故障，应及时向维修人员说明情况，以便寻找故障线索，进行处理。

2. 数控系统的维护与保养

数控系统经过一段较长时间的使用，某些元器件性能总要老化甚至损坏，有些机械部件更是如此。为了尽量延长元器件的寿命和零部件的磨损周期，防止各种故障，特别是恶性事故的发生，就必须对数控系统进行日常的维护工作。具体要注意以下几个方面。

（1）严格遵循操作规程 数控系统编程、操作和维修人员都必须经过专门的技术培训，熟悉所用数控机床的机械部件、数控系统、强电装置、液压气动装置等部分的使用环境、加工条件等；能按数控机床和数控系统使用说明书的要求正确、合理地使用设备。应尽量避免因操作不当引起的故障。要明确规定开机、关机的顺序和注意事项，例如开机首先要手动或用程序指令自动回参考点，顺序为先 X 轴再 Z 轴。在机床正常运行时不允许开关电气柜，禁止按动"急停"和"复位"按钮，不得随意修改参数。通常，在数控机床使用的第一年内，有1/3以上的故障是由于操作不当引起的。

（2）系统出现故障 出现故障要保留现场，维修人员要认真了解故障前后经过，做好故障发生原因和处理的记录，查找故障及时排除，减少停机时间。

（3）防止尘埃进入数控装置内　除了进行检修外，应尽量少开电气柜门。因为柜门常开易使空气中漂浮的灰尘和金属粉末落在印制电路板和电器接插件上，容易造成元件之间的绝缘电阻下降，从而出现故障甚至造成元件损坏。有些数控机床的主轴控制系统安置在强电柜中，强电柜门关得不严是使电器元件损坏、数控系统控制失灵的一个原因。

一些已受外部尘埃、油雾污染的电路板和接插件可采用专用电子清洁剂喷洗。

（4）存储器所用电池要定期检查和更换　通常，数控系统存储参数用的存储器采用CMOS器件，其存储的内容在数控系统断电期间靠支持电池供电保持。支持电池一般采用锂电池或可充电的镍镉电池，当电池电压下降至一定值时就会造成参数丢失。因此，要定期检查电池电压，当该电压下降至限定值或出现电池电压报警时，应及时更换电池。在一般情况下，即使电池尚未消耗完，也应每年更换一次，以确保数控系统能正常工作。更换电池时一般要在数控系统通电状态下进行，这样才不会造成存储参数丢失。一旦参数丢失，在调换新电池后，须重新将参数输入。

（5）经常监视数控系统的电网电压　通常，数控系统如果超出允许的电网电压波动范围，轻则使数控系统不能稳定工作，重则会造成重要电子部件损坏。因此，要经常注意电网电压的波动。对于电网质量比较恶劣的地区，应及时配置数控系统用的交流稳压装置，这将使故障率有比较明显的降低。

（6）数控系统长期不用时的维护　由于某种原因，造成数控系统长期闲置不用时，为了避免数控系统损坏，需注意以下两点。

① 要经常给数控系统通电，特别是在环境湿度较大的梅雨季节更应如此。在机床锁住不动（即伺服电动机不转）的情况下，让数控系统空运行，利用电器元件本身的发热来驱散数控系统内的潮气，保证电子器件性能稳定可靠。实践证明，在空气湿度较大的地区，经常通电是降低故障率的一个有效措施。

② 如果数控车床的进给轴和主轴采用直流电动机来驱动时，应将电刷从直流电动机中取出，以免由于化学腐蚀作用，使换向器表面腐蚀，造成换向性能变坏，甚至使整台电动机损坏。

（7）备用电路板的维护　印制电路板长期不用容易出故障，因此对所购的备用板应定期装到数控系统中通电运行一段时间以防损坏。

3. 数控车床机械部件的维护、保养

数控车床机械部件维护与普通车床不同的内容有以下几个方面。

（1）主传动链的维护

① 熟悉数控机床主传动链的结构、性能参数，严禁超性能使用。

② 主传动链出现不正常现象时，应立即停机排除故障。

③ 操作者应注意观察主轴箱温度，检查主轴润滑恒温油箱，调节温度范围，使油量充足。

④ 使用带传动的主轴系统，需定期观察调整主轴驱动皮带的松紧程度，防止因皮带打滑造成的丢转现象。

⑤ 由液压系统平衡主轴箱重量的平衡系统，需定期观察液压系统的压力表，当油压低于要求值时，要进行补油。

⑥ 使用液压拨叉变速的主传动系统，必须在主轴停车后变速。

⑦ 使用啮合式电磁离合器变速的主传动系统，离合器必须在低于 $1\sim2r/min$ 的转速下变速。

⑧ 注意保持主轴与刀柄连接部位及刀柄的清洁，防止对主轴的机械碰击。

⑨ 每年对主轴润滑恒温油箱中的润滑油更换一次，并清洗过滤器。

⑩ 每年清理润滑油池底一次，并更换液压泵滤油器。

⑪ 每天检查主轴润滑恒温油箱，使其油量充足，工作正常。

⑫ 防止各种杂质进入润滑油箱，保持油液清洁。

⑬ 经常检查轴端及各处密封，防止润滑油液的泄漏。

⑭ 刀具夹紧装置长时间使用后，会使活塞杆和拉杆间的间隙加大，造成拉杆位移量减少，使碟形弹簧张闭伸缩量不够，影响刀具的夹紧，故需及时调整液压缸活塞的位移量。

⑮ 经常检查压缩空气气压，并调整到标准要求值。足够的气压才能使主轴锥孔中的切屑和灰尘清理彻底。

（2）滚珠丝杠螺母副的维护

① 定期检查、调整丝杠螺母副的轴向间隙，保证反向传动精度和轴向刚度。

② 定期检查丝杠支承与床身的连接是否有松动以及支承轴承是否损坏。如有以上问题，要及时紧固松动部位，更换支承轴承。

③ 采用润滑脂润滑的滚珠丝杠，每半年清洗一次丝杠上的旧润滑脂，换上新的润滑脂。用润滑油润滑的滚珠丝杠，每次机床工作前加油一次。

④ 注意避免硬质灰尘或切屑进入丝杠防护罩和工作中碰击防护罩，防护装置一有损坏要及时更换。

（3）液压系统维护

① 各液压阀、液压缸及管子接头是否有外漏。

② 液压泵或液压电机运转时是否有异常噪声等现象。

③ 液压缸移动时工作是否正常平稳。

④ 液压系统的各测压点压力是否在规定的范围内，压力是否稳定。

⑤ 油液的温度是否在允许的范围内。

⑥ 液压系统工作时有无高频振动。

⑦ 电气控制或撞块（凸轮）控制的换向阀工作是否灵敏可靠。

⑧ 油箱内油量是否在油标刻线范围内。

⑨ 油缸行程开关或限位挡块的位置是否有变动。

⑩ 液压系统手动或自动工作循环时是否有异常现象。

⑪ 定期对油箱内的油液进行取样化验，检查油液质量，定期过滤或更换油液。

⑫ 定期检查蓄能器的工作性能。

⑬ 定期检查冷却器和加热器的工作性能。

⑭ 定期检查和紧固重要部位的螺钉、螺母、接头和法兰螺钉。

⑮ 定期检查更换密封件。

⑯ 定期检查、清洗或更换液压件。

⑰ 定期检查、清洗或更换滤芯。

⑱ 定期检查、清洗油箱和管道。

4. 数控车床日常维护保养

数控机床的维护是操作人员为保持设备正常技术状态，延长使用寿命所必须进行的日常工作，是操作人员主要职责之一。数控车床定期维护的内容如表1-1所示。

表1-1 数控车床定期维护的内容

序　号	工作时间	检查要求
1	工作200h	检查各润滑油箱、液压油箱、冷却水箱液位，不足则添加
2	工作200h	检查液压系统压力，随时调整
3	工作200h	检查冷却水清洁情况，必要时更换
4	工作200h	检查压缩空气的压力、清洁、含水情况，清除积水，添加润滑油，调整压力，清洗过滤网
5	工作200h	检查导轨润滑和主轴箱润滑压力，不足则调整
6	工作1000h	移动各轴，检查导轨上是否有润滑油，否则修复。清洗刮屑板，把新的刮屑板或干净的刮屑板装上。在导轨上涂上约50mm宽的油膜，拖板移动约30mm长，刮屑板能在导轨上刮成均匀的油膜为正常，否则调整刮屑板的安装
7	工作1000h	检查电柜空调的滤网，必要时清洗
8	工作2000h	移动各轴，检查导轨上是否有润滑油，否则修复。在导轨上涂上约50mm宽的油膜，拖板移动约30mm长，刮屑板能在导轨上刮成均匀的油膜为正常，否则调整刮屑板的安装
9	工作2000h	将所有液压油放掉，清洗油箱，更换或清洗滤油器中的滤芯，检查蓄能器性能，液压油泵停机后油压慢慢下降为正常，否则修复或更换
10	工作2000h	放掉各润滑油，清洗润滑油箱
11	工作2000h	检查滚珠丝杠润滑情况。用测量表检查各轴的反向间隙，必要时调整，将新数据输入系统中
12	工作2000h	检查刀架的各项精度，恢复精度
13	工作2000h	检查各轴的急停限位情况，更换损坏的限位开关。检查各轴齿形皮带的张紧情况，必要时调整
14	工作2000h	检查主轴皮带的张紧情况，必要时调整。检查皮带外观，必要时更换
15	工作2000h	卸下各轴防护板，清洗下面的装置和部件
16	工作2000h	清除所有电机散热风扇上的灰尘
17	工作2000h	检查CNC系统存储器的电池电压，如电压过低或出现电池报警，应马上在系统通电情况下更换电池
18	工作4000h	全面检查机床的各项精度，必要时调整恢复
19	工作4000h	检查电柜内的整洁情况，必要时清理灰尘。检查各电缆、电线是否连接可靠，必要时紧固

5. 数控车床常见故障及排除

（1）数控车床的常见故障分类　数控车床是一种技术含量高、且较复杂的机电一体化设备，其故障发生的原因一般都较复杂，这给数控车床的故障诊断与排除带来不少困难，为了便于故障分析和处理，数控车床的故障大体可以分为以下几类故障。

① 数控机床的非关联性和关联性故障。故障按起因的相关性可分为非关联性和关联性故障。所谓非关联性故障是由于运输、安装、工作等原因造成的故障。关联性故障可分为系统性故障和随机性故障，系统性故障，通常是指只要满足一定的条件或超过某一设定的限度，工作中的数控机床必然会发生的故障。这一类故障现象极为常见。例如：液压系统的压力值随着液压回路过滤器的阻塞而降到某一设定参数时，必然会发生液压系统故障报警使系统断电停机。又如：润滑、冷却或液压等系统由于管路泄漏引起油标下降到使用限值，必然会发生液位报警使机床停机；再如：机床加工中因切削量过大，达到某一限值时必然会发生

过载或超温报警，致使系统迅速停机。因此正确使用与精心维护是杜绝或避免这类系统性故障发生的切实保障。随机性故障通常是指数控机床在同样的条件下工作时只偶然发生一次或两次的故障。由于此类故障在各种条件相同的状态下只偶然发生一两次，因此，随机性故障的原因分析与故障诊断较其他故障困难得多。这类故障的发生往往与安装质量、组件排列、参数设定、元器件品质、操作失误与维护不当以及工作环境影响等诸因素有关。例如：接插件与连接组件因疏忽未加锁定，印制电路板上的元器件松动变形或焊点虚脱，继电器触点、各类开关触头因污染锈蚀以及直流电动机电刷不良等所造成的接触不可靠等。工作环境温度过高或过低、湿度过大、电源波动与机械振动、有害粉尘与气体污染等原因均可引发此类偶然性故障。因此，加强数控系统的维护检查，确保电气箱门的密封，严防工业粉尘及有害气体的侵袭等，均可避免此类故障的发生。

② 数控机床的有报警显示故障和无报警显示故障。数控机床故障按有无报警显示分为有报警显示故障和无报警显示故障。有报警显示故障一般与控制部分有关，故障发生后可以根据故障报警信号判别故障的原因。无报警显示故障往往表现为工作台停留在某一位置不能运动，依靠手动操作也无法使工作台动作，这类故障的排除相对于有报警显示故障的排除难度要大。

③ 数控机床的破坏性故障和非破坏性故障。数控机床故障按性质可分为破坏性故障和非破坏性故障。对于短路、因伺服系统失控造成"飞车"等故障称为破坏性故障，在维修和排除这种故障时不允许故障重复出现，因此维修时有一定的难度；对于非破坏性故障，可以经过多次试验、重演故障来分析故障原因，故障的排除相对容易些。

④ 数控机床的电气故障和机械故障。数控机床故障按发生部位可分为电气故障和机械故障。电气故障一般发生在系统装置、伺服驱动单元和机床电气等控制部位。电气故障一般是由于电气元器件的品质因素下降、元器件焊接松动、接插件接触不良或损坏等因素引起，这些故障表现为时有时无。例如某电子元器件的漏电流较大，工作一段时间后，其漏电流随着环境温度的升高而增大，导致元器件工作不正常，影响了相应电路的正常工作。当环境温度降低了以后，故障又消失了。这类故障靠目测是很难查找的，一般要借助测量工具检查工作电压、电流或测量波形进行分析。

机械故障一般发生在机械运动部位。机械故障可以分为功能型故障、动作型故障、结构型故障和使用型故障。功能型故障主要是指工件加工精度方面的故障，这些故障是可以发现的，例如加工精度不稳定、误差大等。动作型故障是指机床的各种动作故障，可以表现为主轴不转、工件夹不紧、刀架定位精度低、液压变速不灵活等。结构型故障可以表现为主轴发热、主轴箱噪声大、机械传动有异常响声、产生切削振动等。使用型故障主要是指使用和操作不当引起的故障，例如过载引起的机件损坏等。机械故障一般可以通过维护保养和精心调整来预防。

⑤ 自诊断故障。数控系统有自诊断故障报警系统，它随时监测数控系统的硬件、软件和伺服系统等的工作情况。当这些部分出现异常时，一般会在监视器上显示报警信息或指示灯报警或数码管显示故障号，这些故障可以称为自诊断故障。自诊断故障系统可以协助维修人员查找故障，是故障检查和维修工作中十分重要的依据。对报警信息要进行仔细分析，因为可能会有多种故障因素引起同一种报警信息。

⑥ 人为故障和软（硬）故障。人为故障是指操作员、维护人员对数控机床还不熟悉或者没有按照使用手册要求，在操作或调整时处理不当而造成的故障。硬故障是指数控机床的

硬件损坏造成的故障。软故障一般是指由于数控加工程序中出现语法错误、逻辑错误或非法数据；数控机床的参数设定或调整出现错误；保持 RAM 芯片的电池电路断路、短路、接触不良，RAM 芯片得不到保持数据的电压，使得参数、加工程序丢失或出错；电气干扰窜入总线，引起时序错误等原因造成的数控机床故障。

除了上述分类外，故障从时间上可以分为早期故障、偶然故障和耗损故障；故障从使用角度可分为使用故障和本质故障；故障从严重程度可分为灾难性、致命性、严重性和轻度性故障；按发生故障的过程可分为突发性故障和渐变性故障。

(2) 常见故障检查方法

① 直观法。直观法主要是利用人的手、眼、耳、鼻等器官对故障发生时的各种光、声、味等异常现象的观察以及认真察看系统的每一处，遵循"先外后内"的原则，诊断故障采用望、听、嗅、问、摸等方法，由外向内逐一检查，往往可将故障范围缩小到一个模块或一块印刷线路板。这要求维修人员具有丰富的实际经验，要有多学科的较宽的知识和综合判断的能力。比如，数控机床加工过程中突然出现停机。打开数控柜检查发现 Y 轴电机主电路保险烧坏，经检查是与 Y 轴有关的部件，最后发现 Y 轴电机动力线有几处磨破，搭在床身上造成短路。更换动力线后故障消除，机床恢复正常。

② 自诊断功能法。自诊断功能法简言之就是利用数控系统自身的硬件和软件对数控机床的故障进行自我检查、自我诊断的方法。

③ 数据和状态检查法。CNC 系统的自诊断不但能在 CRT 上显示故障报警信息，而且能以多页的"诊断地址"和"诊断数据"的形式提供机床参数和状态信息，常见的有以下几个方面：

a. 接口检查。数控系统与机床之间的输入/输出接口信号包括 CNC 与 PLC，PLC 与机床之间接口输入/输出信号。数控系统的输入/输出接口诊断能将所有开关量信号的状态显示在 CRT 上。用"1"或"0"表示信号的有无，利用状态显示可以检查数控系统是否已将信号输出到机床侧，机床侧的开关量等信号是否已输入到数控系统，从而可将故障定位在机床侧，或是在数控系统侧。

b. 参数检查。数控机床的机床数据是经过一系列试验和调整而获得的重要参数，是机床正常运行的保证。这些数据包括增益、加速度、轮廓监控允差、反向间隙补偿值和丝杠螺距补偿值等。当受到外部干扰时，会使数据丢失或发生混乱，机床不能正常工作。

④ 报警指示灯显示故障。现代数控机床的数控系统内部，除了上述的自诊断功能和状态显示等"软件"报警外，还有许多"硬件"报警指示灯，它们分布在电源、伺服驱动和输入输出等装置上，根据这些报警灯的指示可判断故障的原因。

⑤ 备板置换法。利用备用的电路板来替换有故障疑点的模板，是一种快速而简便的判断故障原因的方法，常用于 CNC 系统的功能模块，如 CRT 模块、存储器模块等。

例如：有一数控系统开机后 CRT 无显示，采用如图 1-12 所示的故障检查步骤，即可判断 CRT 模块是否有故障。

需要注意的是，备板置换前，应检查有关电路，以免由于短路而造成好板损坏，同时，还应检查试验板上的选择开关和跨接线是否与原模板一致，有些模板还要注意板上电位器的调整。置换存储器板后，应根据系统的要求，对存储器进行初始化操作，否则系统仍不能正常工作。

⑥ 功能程序测试法。所谓功能程序测试法就是将数控系统的常用功能和特殊功能，如

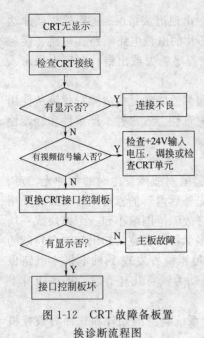

图 1-12　CRT 故障备板置
换诊断流程图

直线定位、圆弧插补、螺旋切削、固定循环、用户宏程序等用手工编程或自动编程方法，编制成一个功能程序，输入数控系统中，然后启动数控系统使之运行，借以检查机床执行这些功能的准确性和可靠性，进而判断出故障发生的可能起因。本方法对于长期闲置的数控机床第一次开机时的检查以及机床加工造成废品但又无报警的情况下，一时难以确定是编程错误或是操作错误或是机床故障的原因是一个较好的判断方法。

例如：采用 FANUC 6M 系统的一台数控铣床，在对工件进行曲线加工时出现爬行现象，用自编的功能测试程序，机床能顺利运行完成各种预定动作，说明机床数控系统工作正常，于是对所用曲线加工程序进行检查，发现在编程时采用了 G61 指令，即每加工一段就要进行 1 次到位停止检查，从而使机床出现爬行现象，将 G61 指令改用（G64，连续切削方式）指令代替之后，爬行现象就消除了。

⑦ 交换法。在数控机床中，常有功能相同的模块或单元，将相同模块或单元互相交换，观察故障转移的情况，就能快速确定故障的部位。这种方法常用于伺服进给驱动装置的故障检查，也可用于两台相同数控系统间相同模块的互换。

⑧ 测量比较法。CNC 系统生产厂在设计印刷线路板时，为了调整、维修的便利，在印刷线路板上设计了多个检测端子。用户也可利用这些端子比较测量正常的印刷线路板和有故障的印刷线路板之间的差异。可以检测这些测量端子的电压和波形，分析故障的起因和故障的所在位置。甚至，有时还可对正常的印刷线路板人为地制造"故障"，如断开连线或短路、拔去组件等，以判断真实故障的起因。为此，维修人员应在平时积累印刷线路板上关键部位或易出故障部位在正常时的正确波形和电压值。因为 CNC 系统生产厂往往不提供有关这方面的资料。

⑨ 敲击法。当 CNC 系统出现的故障表现为若有若无时，往往可用敲击法检查出故障的部位所在。这是由于 CNC 系统是由多块印刷线路板组成，每块板上有许多焊点，板间或模块间又通过插接件及电线相连。因此，任何虚焊或接触不良，都可能引起故障。当用绝缘物轻轻敲打有虚焊及接触不良的疑点处，故障肯定会重复再现。

⑩ 局部升温法。CNC 系统经过长期运行后元器件均要老化，性能会变坏。当它们尚未完全损坏时，出现的故障会变得时有时无。这时可用热吹风机或电烙铁等来局部升温被怀疑的元器件，加速其老化，以便彻底暴露故障部件。当然，采用此法时，一定要注意元器件的温度参数，不要将原来是好的器件烤坏。

例如：某西门子系统的机床工作 40min 后出现 CRT 变暗现象。关机数小时后再开机，恢复正常，但 40min 后又旧病复发，故障发生时机床其他部分均正常，可初步断定是与 CRT 箱内元件与温度的变化有关。于是人为地使 CRT、箱内风扇停转，几分钟后故障重现。可见箱内电路板热稳定性差，调换后故障消失。

⑪ 原理分析法。根据 CNC 系统的组成原理，可从逻辑上分析各点的逻辑电平和特征参数（如电压值或波形），然后用万用表、逻辑笔、示波器或逻辑分析仪进行测量、分析和比较，从而对故障定位。运用这种方法，要求维修人员必须对整个系统或每个电路的原理有清

楚的、较深的了解。

例如：PNE710 数控车床出现 X 轴进给失控，无论是点动或是程序进给，导轨一旦移动起来就不能停下来，直到按下紧急停止为止。根据数控系统位置控制的基本原理，可以确定故障出在 X 轴的位置环上，并很可能是位置反馈信号丢失，这样，一旦数控装置给出进给量的指令位置，反馈的实际位置始终为零，位置误差始终不能消除，导致机床进给的失控，拆下位置测量装置脉冲编码器进行检查，发现编码器里灯丝已断，导致无反馈输入信号，更换 Y 轴编码器后，故障排除。

除了以上常用的故障检查测试方法外，还有拔板法、电压拉偏法、开环检测法等。包括上面提到的诊断方法在内，所有这些检查方法各有特点，按照不同的故障现象，可以同时选择几种方法灵活应用，对故障进行综合分析，才能逐步缩小故障范围，较快地排除故障。

（3）常见数控车床故障种类及处理方法　数控装置控制系统故障主要利用自诊断功能报警号，计算机各板的信息状态指示灯，各关键测试点的波形、电压值，各有关电位器的调整，各短路销的设定，有关机床参数值的设定，专用诊断组件，并参考控制系统维修手册、电气图册等加以排除。控制系统部分的常见故障及其诊断如下。

① 电池报警故障。当数控机床断电时，为保存好机床控制系统的机床参数及加工程序，需靠后备电池予以支持。这些电池到了使用寿命，即其电压低于允许值时，就产生电池故障报警。当报警灯亮时，应及时予以更换，否则，机床参数就容易丢失。因为换电池容易丢失机床参数，因此应该在机床通电时更换电池，以保证系统能正常地工作。

② 键盘故障。在用键盘输入程序时，若发现有关字符不能输入、不能消除，程序不能复位或显示屏不能变换页面等故障，应首先考虑有关按键是否接触不好，予以修复或更换。若不见成效或者所用控键都不起作用，可进一步检查该部分的接口电路、系统控制软件及电缆连接状况等。

③ 熔丝故障。控制系统内熔丝烧断故障，多出现于对数控系统进行测量时的误操作，或由于机床发生了撞车等意外事故，因此，维修人员要熟悉各熔丝的保护范围，以便发生问题时能及时查出并予以更换。

④ 刀位参数的更改。当机床刀具的实际位置与计算机内存的刀位号不符时，如果操作者不注意，往往会发生撞车或打刀等事故。因此，一旦发现刀位号不对时，应及时核对控制系统内存刀位号与实际刀台位置是否相符，若不符，应参阅说明书介绍的方法，及时将控制系统内存中的刀位号改为与刀台位置一致。

⑤ 控制系统的"NOT、READY（没准备好）"故障。

a. 应首先检查 CRT 显示面板上是否有其他故障指示灯亮及故障信息提示，若有问题应按故障信息目录的提示去解决。

b. 检查伺服系统电源装置是否有熔丝断、断路器跳闸等问题，若无问题或更换了熔丝后断路器再跳闸，应检查电源部分是否有问题；检查是否有电动机过热，大功率晶体管组件过电流等故障而使计算机监控电路起作用；检查控制系统各板是否有故障灯显示。

c. 检查控制系统所需各交流电源，直流电源的电压值是否正常。若电压不正常也可造成逻辑混乱而产生"NOT READY"故障。

⑥ 机床参数的修改。对每台数控机床都要充分了解并把握各机床参数的含义及功能，它除能帮助操作者很好地了解该机床的性能外，有的还有利于提高机床的工作效率或用于排除故障。

【友情提示】

初学者常见故障及处理办法：

（1）操作中出现超程解除不了。处理办法：用手按住超程解除按钮不松开，直到看见面板上的"急停"状态变为其他工作方式状态，然后点击手动按钮，最后把坐标轴向相反的方向移动即可。注意在整个操作过程中，按住超程解除按钮的那个手不能松开，一直到坐标轴向相反的方向移动完毕后才能松开。

（2）屏幕没有显示，但操作面板能正常控制。处理办法：调整亮度调节开关；还不行就调整主板 CMOS 分辨率参数为 640×480；再不行说明显示屏损坏，要送厂家维修。

（3）没有超程，但始终处于急停状态。处理办法：可能是急停开关压下去了没有弹起来，可以采用手动方式把急停按钮弄起来即可。

（4）回参考点时，机床一直以高速向参考点方向移去，中间没有减速现象，直到出现超程报警才停止。处理办法：一般是减速挡块松动，把减速挡块重新装紧即可。

（5）主轴不转或者坐标轴不动。处理办法：原因有很多，初学者能处理的就是检查机床是否锁住。

1.3.3 操作练习

（1）让学生对照表 1-1 数控车床日常维护一览表找出检查部位，按检查要求完成各项日常保养项目。

（2）利用华中系统实训台设置常见故障，然后让学生去排除。

1.3.4 注意事项

（1）指导教师操作演示数控车床日常维护的各个项目；

（2）指导教师要设置一些数控车床上常见故障并操作演示故障排除；

（3）指导教师要巡回指导。

1.3.5 教学评价

教学评价见表 1-2～表 1-4。

表 1-2 学生自评表

班级			姓名	
项目名称			组别	
考核项目		考核内容	满分	得分
社会能力	尊敬师长、尊重同学		10	
	相互协作		10	
	主动帮助他人		10	
方法能力	出勤	迟到	3	
		早退	3	
		旷课	4	
	能独立思考解决问题		10	
专业能力	安全规范意识		20	
	5S 遵守情况		10	
	实操能力		20	
合计			100	
自我评价				

表 1-3　小组成员互评表

被评价学生		承担任务	
考核项目	考核内容	满　分	得　分
社会能力	尊敬师长	5	
	尊重同学	5	
	团队协作	10	
	主动帮助他人	10	
	学习态度	10	
专业能力	能独立思考解决问题	10	
	所承担的工作量	20	
	理论及实操能力	20	
	5S 遵守情况	10	
合　计		100	
评语			
评价人		学　号	

表 1-4　教师评价表

班　级		姓　名		
项目名称		组　别		
评分内容		分　值	得　分	备　注
资　讯	起始情况评价	5		
	收集信息评价	5		
计　划	工作计划情况	10		
决　策	解决问题情况	10		
实　施	刀具正确选用及安装	10		
	实际操作	20		
检　查	自检能力	10		
	上交文件齐全、正确	10		
	工作效率及文明施工	10		
评　价	学生自我评价	5		
	同组学生评价	5		
总分		100		
评价教师		评语		

1.3.6　思考与作业题

（1）使用数控机床应注意哪些问题？

（2）试述在数控系统维护保养中的注意事项。

（3）当机床出现超程限位报警时，采取怎样的步骤消除报警？

（4）当你在 MDI 方式用程序寻找某一刀号时，刀台一直旋转不停，始终找不到刀具，一般是由什么原因引起的？

（5）完成任务单。

项目二 数控车床中级工技能训练

【教学目标】

1. 掌握普通轴类、套类零件的工艺编制与编程；

2. 具备独立、熟练操作数控车床的能力；

3. 具备选择、使用数控车床常用夹具、刀具、量具的能力；

4. 具备对常见错误（编程错误、使用夹具、刀具、量具的错误、工艺错误等）的分析与处理能力；

5. 具备对普通轴类、套类产品进行加工、检测、评价及分析的能力；

6. 培养出严谨的学习态度与良好的学习和操作习惯；

7. 培养出良好的职业综合素养与职业道德。

【重点与难点】

1. 普通轴类、套类零件的工艺编制与编程；

2. 常见错误（编程错误、使用夹具、刀具、量具的错误、工艺错误等）的分析与处理；

3. 普通轴类、套类产品的加工、检测、评价及分析；

4. 良好的职业综合素养与职业道德。

任务 2.1 简单直线与圆弧的切削

2.1.1 实训目的

（1）掌握外圆与端面刀具几何角度和切削用量参数的选择；

（2）合理组织工作位置，注意操作姿势，养成良好的操作习惯；

（3）掌握 G00、G01、G02、G03 指令的程序编制；

（4）加强工艺装备的安装与调试；

（5）利用 G00、G01、G02、G03 指令，按图要求完成工件的车削加工；

（6）掌握在数控车床上加工零件、控制尺寸方法及切削用量的选择。

2.1.2 实训指导

1. 刀具安装要求

（1）车刀装夹时，刀尖必须严格对准工件旋转中心，过高或过低都会造成刀尖碎裂。

（2）安装时刀头伸出长度约为刀杆厚度的 1～1.5 倍。

2. 知识链接（这里以华中系统为例）

（1）零件程序的结构

① 程序的命名。与大多数数控系统一样，华中数控车床 HNC-21/22T 系统也必须为程

序命名,只不过要先命个文件名,其格式为:O×××××,然后再在文件名里为程序起个名字,其格式为%×××××。

② 指令字的格式。指令字代表某一信息单元,它代表机床的一个位置或一个动作。指令字由地址码和若干个数字组成。其主要指令字符见表 2-1。

表 2-1 指令字一览表

地　址	机　能	意　义
%/O	零件程序号	%1~4294967295/O1~4294967295
N	程序段号	N0~4294967295
G	准备功能	G00~G99
X、Z	尺寸—坐标值	±99999.999
R	尺寸	圆弧半径/固定循环参数
I、K	尺寸	圆心相对于起点的坐标/固定循环的参数
F	进给速度	进给速度的设定,F0~F24000
S	主轴功能	主轴转速的设定,S0~S9999
T	刀具功能	刀具编号与刀具补偿,T××××
M	辅助功能	辅助功能的调用,M00~M99
P、X	暂停	设定暂停时间
P	子程序号的指定	子程序号的指定,P1~4294967295
L	重复次数	子程序/固定循环的重复次数
P、Q、R、U、E、I、K、C、A	参数	复合循环指令参数

③ 程序的结构。一个完整的程序由程序号、程序内容与结束三部分组成。

程序号也就是程序的开始部分,为程序的开始标记,用于在存储器中查找、调用程序。程序号通常由地址码和数字组成。华中数控车床 HNC-21/22T 系统的格式为:%×××××;程序内容是整个程序的主要部分,它由多个程序段组成,每个程序段又由多个指令字组成。一个零件的加工程序是按程序段的输入顺序执行的,而不是按程序号的顺序执行的,但在书写时,仍建议按升序书写程序段号;程序结束一般情况下使用 M02 指令或 M30 指令。

④ 程序段的格式。一个程序段定义一个将由数控装置执行的指令行。程序段的格式定义了每个程序段中功能字的句法,如图 2-1 所示。

(2) 程序中用到的各功能字

① 准备功能 G 指令。

准备功能指令:G××,作用:规定刀具、工件的相对运动轨迹、机床坐标系、工件坐标系、坐标平面、刀具半径补偿、机床工作模式等多种操作。

G 功能指令根据功能的不同分成多组,其中 00 组指令为非模态指令,其余组的为模态指令。华中 HNC-21/22T 系统数控车床的 G 指令功能见表 2-2。

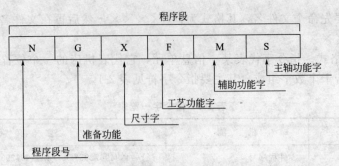

图 2-1　程序段格式

表 2-2　G 指令功能一览表

G 代码	组	作用与功能	参　数
G00		快速定位	X、Z
G01		直线插补	X、Z
G02	01	顺时针圆弧插补	X、Z、I、K、R
G03		逆时针圆弧插补	X、Z、I、K、R
G04	00	暂停	P
G20	08	英制尺寸（英寸输入）	X、Z
G21		公制尺寸（毫米输入）	X、Z
G28	00	返回刀具参考点	
G29		由参考点返回	
G32	01	螺纹切削	X、Z、R、E、P、F
G36	17	直径编程	
G37		半径编程	
G40		刀尖半径补偿取消	
G41	09	刀尖半径左补偿	T
G42		刀尖半径右补偿	T
G53		选择机床坐标系	
G54		工件坐标系 1 选择	
G55		工件坐标系 2 选择	
G56	11	工件坐标系 3 选择	
G57		工件坐标系 4 选择	
G58		工件坐标系 5 选择	
G59		工件坐标系 6 选择	
G65		宏指令调用	P、A-Z
G71		外径/内径车削复合循环	X、Z、U、W、C、P
G72		端面车削复合循环	Q、R、E
G73	06	闭环车削复合循环	
G76		螺纹切削复合循环	X、Z、I、K、C、P、R、E
G80		外径/内径车削固定循环	
G81	06	端面车削固定循环	X、Z、I、K、C、P、R、E
G82		螺纹切削固定循环	
G90	13	绝对编程	
G91		相对编程	
G92	00	工件坐标系设定	X、Z
G94	14	每分钟进给	
G95		每转进给	
G96	16	恒线速有效	S
G97		取消恒线速有效	S

② 辅助功能 M 代码。

辅助功能指令：M××，作用：用于控制零件程序的走向，机床各种辅助功能的开关动作。华中 HNC-21/22T 系统数控车床的 M 指令功能见表 2-3。

表 2-3　M 代码及功能

代码	性质	功能及作用	代码	性质	功能及作用
M00	非模态指令	程序停止	M08	模态指令	切削液开
M02	非模态指令	程序结束	M09	模态指令	切削液关闭
M03	模态指令	主轴正转启动	M30	非模态指令	程序结束并返回程序起点
M04	模态指令	主轴反转启动			
M05	模态指令	主轴停止转动	M98	非模态指令	调用子程序
M07	模态指令	切削液开	M99	非模态指令	子程序结束

③ F、S、T 指令。进给功能字用 F 表示，又称 F 功能或 F 指令，它的功能是指定切削的进给速度。它有每转进给和每分钟进给两种指令模式。

a. G95——每转进给模式

格式：G95 F_ ；

该指令在 F 后面直接指定主轴转一转刀具的进给量。G95 为模态指令，在程序中指定后，直到 G94 被指定前一直有效。机床通电后，该指令为系统默认状态。在数控车床上这种进给量指令方法应用较多。

b. G94——每分钟进给模式

该指令在 F 后面直接指定刀具每分钟的进给量。G94 为模态指令，在程序中指定后，直到 G95 被指定前一直有效。

S 功能字即主轴转速功能字，由地址符 S 和后续数字组成，又称为 S 功能或 S 指令，后续数字用于指定主轴转速。单位为 r/min。对于具有恒线速度功能的数控车床，程序中的 S 指令用来指定车削加工的线速度。单位为 m/min。

T 功能表示刀具功能指令，它的功能含义主要用来指定加工时使用的刀具号和刀补号。

T 功能指令格式为：T××××；

其中指令 T 后的前两位表示刀具号，后两位为刀具补偿号。

例如：T0202；表示选择 2 号刀，用 2 号刀具补偿。

刀具补偿包括刀具长度补偿和刀尖圆弧半径补偿。

(3) 数控车床的编程方式

数控车床的编程方式有绝对指令和增量指令两种。绝对指令是对各轴移动到终点的坐标值进行编程的方法，称为绝对坐标编程法。增量指令是用各轴的移动量直接编程的方法，称为增量编程法。

数控车床编程时，可采用绝对值编程、增量值编程或二者混合编程。

① 绝对值编程。绝对值编程是根据预先设定的编程原点计算出绝对值坐标尺寸进行编程的一种方法。即采用绝对值编程时，首先要指出编程原点的位置，并用地址 X、Z 进行编程（X 为直径值）。华中数控系统用 G90 指令指定绝对值编程。

② 增量值编程。增量值编程是根据与前一个位置的坐标值增量来表示位置的一种编程方法。即程序中的终点坐标是相对于起点坐标而言的。采用增量值编程时，用地址 U、W 代替 X、Z 进行编程，华中系统还可用 G91 指定增量值编程。

③ 混合编程。绝对值编程与增量值编程混合起来进行编程的方法叫混合编程。编程时也必须先设定编程原点，华中系统中在同一程序或同一程序段中都可进行混编。

(4) 本任务所用基本编程指令

① G36/G37——直径/半径编程选择指令

格式：G36/G37

作用：选择 X 轴为直径/半径值。

G36——直径方式。

G37——半径方式。

说明：大多数数控车床对于采用直径还是半径方式，通常在机床参数中设置，同样华中 HNC-21/22T 系统数控车床也可在其参数中进行设置，而不使用该指令来选择。

② G90——绝对坐标编程指令

格式：G90

说明：该指令表示程序段中的运动坐标数字为绝对坐标值，即从编程原点开始的坐标值。

③ G91——增量坐标编程指令

格式：G91

说明：该指令表示程序段中的运动坐标数字为增量坐标值，即刀具运动的终点相对于起点坐标值的增量。

④ G92——工件坐标系设定

编程时，首先应该确定工件原点并用 G92 指令设定工件坐标系。车削加工工件原点一般设置在工件右端面或左端面与主轴轴线的交点上。

格式：G92 X _ Z _ ；

其中：X、Z 值分别为刀尖（刀位点）起始点相对工件原点的 X 向和 Z 向坐标，注意 X 应为直径值。

如图 2-2 所示，假设刀尖的起始点距离工件原点的 X 向尺寸和 Z 向尺寸分别为 200mm（直径值）和 150mm，工件坐标系的设定指令为：

G92 X200.0 Z150.0；

则执行以上程序段后，系统内部即对 X、Z 值进行记忆，并且显示在显示器上，这就相当于系统内建立了一个以工件原点为坐标原点的工件坐标系。

显然，当改变刀具的当前位置时，所设定的工件坐标系的工件原点位置也不同。因此，在执行该程序段前，必须先进行对刀，通过调整机床，将刀尖放在程序所要求的起刀点位置（200.0，150.0）上。对具有刀具补偿功能的数控机床，其对刀误差还可以通过刀具偏移来补偿，所以调整机床时要求并不严格。

⑤ 恒线速度指令 G96、G97

格式：G96 S _ 　恒线速度有效

G46 X _ P _ 　极限转速限定

G97 S _ 　取消恒线速度功能

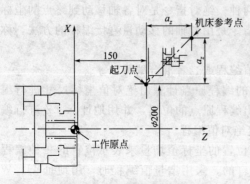

图 2-2　工件坐标系设定

说明：

S——G96 后面的 S 值为切削的恒定线速度（m/min）；

      G97 后面的 S 值为取消恒线速度后，指定的主轴转速（r/min）；如缺省，则为执行 G96 指令前的主轴转速度。

X——恒线速时主轴最低速限定（r/min）。

P——恒线速时主轴最低速限定（r/min）。

【友情提示】

a. 使用恒线速度功能，主轴必须能自动变速（如：伺服主轴、变频主轴）。

b. 在系统参数中设定主轴最高限速。

c. G46 指令功能只在恒线速度功能有效时有效。

⑥ G00——快速点定位指令

格式：G00 X（U）＿Z（W）＿；

【友情提示】

a. G00 指令使刀具以点位控制方式从刀具所在点快速移动到目标点。

b. 它只是快速定位，无运动轨迹要求，常见 G00 运动轨迹如图 2-3 所示，从 A 到 B 应是折线 AEB。因为快速定位时，机床以设定的进给速度同时沿 X、Z 轴移动，然后再到达目标点。

c. 它一般不能用于加工，其速度由面板上的速度倍率开关和系统参数决定，F 指令对它无效。

d. G00 指令是模态代码，其中 X（U），Z（W）是目标点的坐标，当用绝对坐标编程时，其数值为工件坐标系中点的坐标（X，Z）。当用增量坐标编程时，其数值为刀具当前点与目标点的坐标增量（U，W）。实际编程时采用哪种坐标方式由数控车床当时的状态设定，FANUC 系统绝对坐标方式为 X、Z，增量坐标方式为 U、W，而有的系统常用 G90、G91设定。华中系统的数控车床增量坐标方式用 U、W 和 G90、G91 设定都可以。

e. 使用 G00 指令时，目标点不能直接选在工件上，一般要离开工件表面 1～2mm。如图 2-4 所示，从起点 A 快速运动到目标点 B，其绝对坐标方式编程为

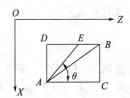

图 2-3 车削 G00 轨迹

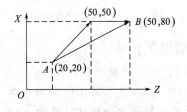

图 2-4 快速进给

G00 X50.0　Z80.0

其增量坐标方式编程为

G00 U30.0　W60.0

执行以上程序段时，刀具实际的运动路线不是直线，而是折线，首先刀具以快速进给速度运动到点（50，50），然后再运动到点（50，80），所以使用 G00 指令时要注意刀具是否和工件及夹具发生干涉，忽略这一点，就容易发生碰撞，而在快速状态下的碰撞就更加危

险了。

⑦ G01——直线插补指令

格式：G01 X（U）_Z（W）_F_；

【友情提示】

a. G01 指令使刀具从当前点出发，在两坐标间以插补联动方式按指定的进给速度直线移动到目标点。G01 指令是模态指令。

b. 进给速度由 F 指定。F 指令也是模态指令，它可以用 G00 指令取消，如果在 G01 程序段之前没有 F 指令，当前程序段 G01 中也没有 F 指令，则机床以 G00 速度快速运动。因此，G01 程序中必须含有 F 指令。

例：工件如图 2-5 所示，刀尖从 A 点直线移动到 B 点，完成车外圆的操作。

编程坐标原点 O 设在工件右端面，如图 2-5 所示。

G00　X11. Z2.　　　　　　　　　　　　　（刀具快速移至 A 点）

绝对坐标方式：　G90 G01 Z－28. F0. 2　　（车削 $\phi11$ 外圆至 B 点）

增量坐标方式：　G01 U0 W－30. F0. 2　　（车削 $\phi11$ 外圆至 B 点）

或　　　　　　　G91 G01 Z－30. F0. 2

⑧ 圆弧插补指令 G02、G03

格式：G02/G03　X（U）_Z（W）_I_K_F_；

或　　G02/G03　X（U）_Z（W）_R_F_；

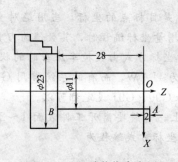 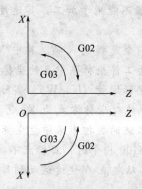

图 2-5　G01 功能指令应用　　　　　　图 2-6　车圆弧的顺、逆方向

【友情提示】

a. G02：顺时针圆弧插补；G03 逆时针圆弧插补。车床上圆弧顺逆方向可按图 2-6 所示的方向判断，沿垂直于圆弧所在的平面（XOZ 面）的坐标轴向负方向（$-Y$ 轴）看去，刀具相对于工件转动方向顺时针运动为 G02，逆时针运动为 G03。

b. 采用绝对坐标编程时，圆弧终点坐标为工件坐标系中的坐标值，用 X、Z 表示，当用增量坐标编程时，圆弧终点坐标为圆弧终点相对于圆弧起点的坐标增量值，用 U、W 表示。

c. I、K 为 X、Z 圆心相对于圆弧起点的增量坐标，无论是绝对编程还是增量编程，都用增量坐标表示。一般用 I、K 值可进行任意圆弧（包括整圆）插补。

d. 当用半径 R 指定圆心位置时（它不能与 I、K 同时使用），由于在同一半径 R 的情况下，从圆弧的起点到终点有两个圆弧路径，为区别二者，规定圆心角 $\alpha \leqslant 180°$ 时，用"＋R"

表示，正号可省略；当圆心角 $\alpha > 180°$ 时用"$-R$"表示。用圆弧半径 R 指定圆心位置时，不能进行整圆插补。

2.1.3 操作练习

练习题目 G00、G01、G02、G03 的运用（见图 2-7）

1. 工艺分析

（1）零件几何特点 零件加工面主要为端面及 $\phi 48$、$\phi 44$、$\phi 40$、$\phi 36$ 的外圆及 $R40$ 的圆弧；各外圆长度尺寸如图 2-7 所示。

（2）加工方案 根据零件结构选用毛坯为 $\phi 50 mm \times 50 mm$ 的棒料，工件材料为 45 钢。选用 CAK6136V 机床即可达到要求。

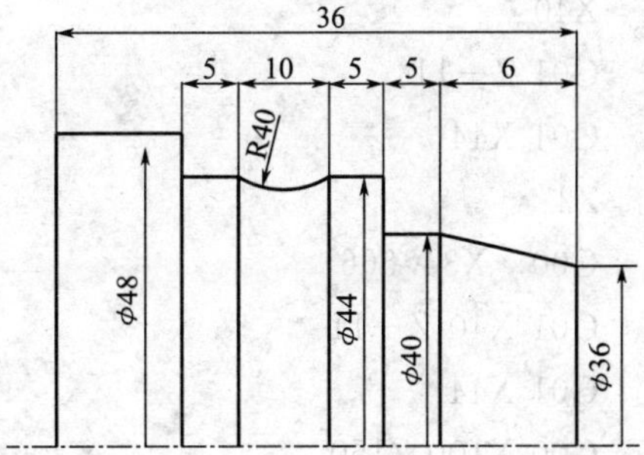

以外圆为定位基准，用卡盘夹紧。其工艺过程如下：

① 平端面，建立工件坐标系，用外圆粗车刀完成；

② 外圆台阶、锥面、圆弧车削；

③ 切断，用切断刀完成。

图 2-7 练习题一图

【友情提示】

各学校如果训练时，毛坯如果不能满足图 2-7 要求，可以在此图基础上进行半径减小长度不变车削，这样可以节省不少成本。

（3）切削参数选择 见表 2-4。

表 2-4 刀具及切削参数

序号	工步内容	刀具号	刀具规格		主轴转速 $n/(r/min)$	进给速度 $F/(mm/min)$
			类型	材料		
1	端面车削	T01	90°外圆车刀		500	50
2	外圆加工	T01	90°外圆车刀	硬质合金	500	100
3	切断	T02	切断刀		700	70

2. 参考程序

（1）确定工件坐标系和对刀点 如图 2-7 在 XOZ 平面内确定以工件右端面轴心线上点为工件原点，建立工件坐标系，采用手动试切对刀方法对刀，T01 刀具为对刀基准刀具。

（2）编程

%2001

T0101

M03 S500

G00 X48 Z2

G01 Z−52 F100

X52

```
G00 Z2
X44
G01 Z—16
G02 W—10 R40
G01 Z—31
X48
G00 Z2
X40
G01 Z—11
G01 X44
Z2
G00   X34.666
G01 X40 Z—11
G01 X44
G00 X100 Z150
T0202
S500
G00 X54 Z—54
G01 X4 F50
X54 F500
G00 X100 Z150
M05
M30
```

（3）指导学生进行轮廓程序的编制及工艺的制定

2.1.4   注意事项

（1）加工工件时，刀具和工件必须加紧，否则会发生故障；

（2）编程时 X 方向的坐标值应是直径方向的尺寸；

（3）编程时要注意避免出现因长度超越而引起刀具与卡盘碰撞的现象；

（4）指导教师要操作演示机床的正常启动，工件及刀具的安装，程序的输入，对刀操作，工件试切；

（5）指导教师要巡回指导。

2.1.5   思考与作业题

（1）总结归纳外圆与端面轮廓车削加工中所出现的问题和解决办法。

（2）分析刀具补偿原理，如何选择外圆加工时的切削用量与参数。

（3）布置下次课需预习内容和相关知识。

（4）完成任务单。

任务 2.2 沟槽的加工与切断

2.2.1 实训目的

(1) 能根据图样确定切槽、切断程序编制方法；
(2) 了解槽的种类和作用，掌握切槽的方法；
(3) 掌握切槽刀的对刀方法；
(4) 能应用合理加工技术保证槽的精度。

2.2.2 实训指导

1. 槽的种类

在工件上车多种形状的槽子叫车沟槽。零件的外沟槽主要有两种：外圆沟槽和平面沟槽（见图 2-8）。本节主要介绍外圆沟槽的车削。

常用的矩形外圆沟槽的作用有：
① 使装配在轴上的零件有正确的轴向定位；
② 螺纹加工时作为退刀槽使用。

2. 切槽刀与切断刀

切槽刀（如图 2-8 所示）前端为主切削刃，两侧为副切削刃。切断刀的刀头形状与切槽刀相似，但其主切削刃较窄，刀头较长，切槽与切断都是以横向进刀为主。

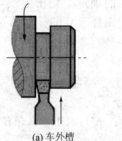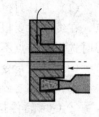

(a) 车外槽 (b) 车端面槽

图 2-8 槽的种类切削

(1) 切断刀的长度和宽度确定

① 切断刀的刀头宽度经验计算公式为：

$$a=(0.5\sim0.6)\sqrt{D}$$

式中 a——主切削刃宽度，mm；

D——被切断工件的直径，mm。

② 刀头部分长度 L 的确定

切断实心材料：$L=D/2+(2\sim3)$

切断空心材料：$L=h+(2\sim3)$，其中 h 为被切工件的壁厚。

(2) 切槽刀的长度和刀头宽度确定

① 切槽刀的刀头宽度一般根据工件的槽宽、机床的功率和刀具的强度综合考虑确定。

② 切槽刀的长度 L 为：

$$L=槽深+(2\sim3)$$

3. 加工方法（如图 2-9）

(1) 车外径槽时，刀具安装应垂直于工件中心线，以保证车削质量。

(2) 车削精度不高的和宽度较窄（<5mm）的槽时，可用刀宽等于槽宽的车槽刀一次直进法车出。

(3) 有精度要求的槽，一般采用两次直进法车出，第一次车槽时，槽壁两侧留精车余量，

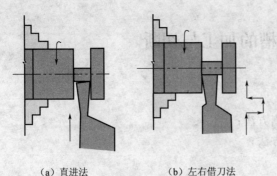

(a) 直进法　　　　　(b) 左右借刀法

图 2-9　切断加工法

然后根据槽深和槽宽进行精车，并使刀具在槽底部暂停几秒，以提高槽底的表面质量。

（4）车削较宽的槽（>5mm）时，可用多次直进法切割，并在槽壁两侧留精车余量，然后根据槽深和槽宽进行精车。

（5）切槽刀或切断刀退刀时要注意合理安排退刀路线，尤其注意 G00 的走刀轨迹，否则很容易与工件外台阶碰撞，造成车刀的损坏，严重时影响机床精度。

（6）切断处应靠近卡盘，以免引起零件振动。

（7）切断加工切削速度应低些，尤其快切断时，应放慢进给速度，以防刀头折断。

4. 知识链接

（1）刀具刀位点的确定　切槽刀或切断刀有左右两个刀尖及切削刃中心处的三个刀位点，在编程时要根据图样尺寸的标注和对刀的难易程度综合考虑。一定要避免编程操作和对刀时选用刀位点不一致现象。

（2）常用指令

① G01 X＿Z＿F＿：直线插补；可以用它编写切槽程序。

② G04 暂停指令；

格式：G04 X＿；或 G04 P＿；单位 s。如 G04 P2 或 G04 X2 表示暂停 2s。

说明：

G04 指令按给定时间延时，不做任何动作，延时结束后再自动执行下一段程序。该指令主要用于车削环槽、不通孔、车台阶轴清根及自动加工螺纹等可使刀具在短时间无进给下进行光整加工。

2.2.3　操作练习

练习题目一　车窄槽（图 2-10）

1. 工艺分析

（1）零件几何特点　零件加工面主要为端面及外圆以及其上的槽。表面粗糙度均为 $6.3\mu m$。

（2）加工方案　毛坯：$\phi40mm\times85mm$ 的棒料，零件的加工主要达到如图 2-10 所示外径槽和端面槽的加工要求，工件材料为 45 钢。根据零件图样要求，选用 CAK6136V 机床即可达到要求。

以外圆为定位基准，用卡盘夹紧。其工艺过程如下：

① 平端面、建立工件坐标系，用粗车刀完成；

② 外圆粗车，留 0.5mm 的精车余量；

③ 外圆精车，达到尺寸要求；

④ 切外圆槽，刀宽为 4mm，用 G01 进行；

⑤ 切端面槽，用端面切槽刀车，刀宽为 5mm；

⑥ 切断，切断刀刀宽为 4mm，用 G01 切。

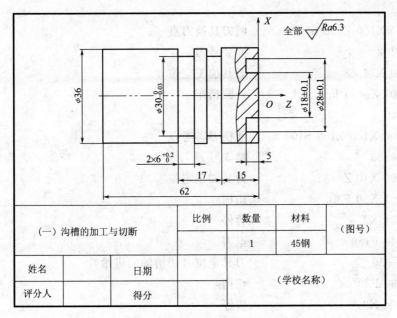

图 2-10　练习题图

（3）加工中刀具及切削参数选择　见表 2-5。

表 2-5　刀具及切削参数选择

序号	工步内容	刀具号	刀具规格		主轴转速 n/(r/min)	进给速度 V/(mm/min)
			类型	材料		
1	端面车削	T01	900 外圆车刀		500	50
2	外圆粗加工	T01	900 外圆车刀		500	100
3	外圆精车	T02	900 外圆车刀	硬质合金	1000	80
4	车削外圆槽	T03	宽度为 4mm 的切槽刀		500	50
5	车削端面槽	T04	宽度为 5mm 的切槽刀		400	40
6	切断	T03	宽度为 4mm 切断刀		500	50

（4）测量量具　精度要求较低的槽可用钢直尺测量；精度要求较高的槽可以用千分尺、样板和游标卡尺测量。

2. 参考程序

（1）确定工件坐标系和对刀点　如图 2-10 在 XOZ 平面内确定以工件右端面轴心线上点为工件原点，建立工件坐标系，采用手动试切对刀方法对刀。

（2）编程

%2002

N20 M03 S500　　　　　　　启动主轴

N25 T0101　　　　　　　　　换 1 号刀

N30 G00 X36.5 Z2　　　　　刀具加工定位

N40 G01 Z-66 F100　　　　　外圆车削

N45 X40	
N70 G00 X100 Z150 S1000	回刀具换刀点
N80 T0202	换 2 号刀
N90 G00 X36 Z2	刀具加工定位
N180 G01 Z—66 F80	外圆精车
N185 X40	
N190 G00 X100 Z150 S400	回换刀参考点
N210 T0303	换 3 号刀
N220 G00 X40 Z—32	刀具加工定位
N230 G01 X30 F30	切槽
N235 G04 X2	暂停
N240 X40 F150	退刀
N250 Z—30	刀具定位（切槽轴向进给）
N260 X30 F30	切槽
N265 G04 X2	暂停
N270 X40 F150	退刀
N280 G00 Z—21	刀具加工定位
N290 G01 X30 F30	切槽
N295 G04 X2	暂停
N300 X40 F150	退刀
N310 Z—19	刀具定位（切槽轴向进给）
N320 X30 F30	切槽
N325 G04 X2	暂停
N330 X40 F150；	退刀
N340 G00 X100 Z150	回换刀点
N360 T0404	换 4 号刀
N370 G00X18 Z2	刀具加工定位
N380 G01 Z—5 F30	切端面槽
N390 Z2 F150	退刀
N400 G00 X100 Z150	回刀具换刀点
N420 T0303	换 3 号刀
N430 G00 X40 Z—66	刀具加工定位
N440 G01 X1 F30	切断工件
N450 X40 F150	X 向退刀
N460 G00 X100 Z150	快回换刀点
N480 M05	主轴停止
N490 M30	程序结束

（3）指导学生进行程序编制　进行程序检查。

练习题目二　车宽槽（图 2-11）

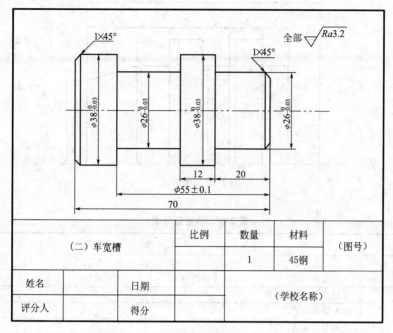

(二) 车宽槽		比例	数量	材料	(图号)
			1	45钢	
姓名		日期			
评分人		得分		(学校名称)	

图 2-11　练习题图

1. 工艺分析（略）

2. 参考程序（略）

2.2.4　注意事项

（1）切槽、切断时，刀头宽度不能过宽，否则容易振动；

（2）安装切槽刀时，主切削刃轴心线要平行，否则切出的槽底直径一侧大、一侧小；

（3）加工较宽的沟槽时，每次分层切削进给要有重叠部分；

（4）若工件槽宽精度要求很高时，操作者可分别以切槽刀的两个刀尖设置刀具的两个补偿量以便使用；

（5）安装切槽刀时，刀具必须与工件中心对准，否则，不仅工件不能切断，而且刀具的刀头易损坏；

（6）切断时，工件一定要装夹牢固，切断点应离卡盘近些；

（7）切断时进给速度不易过大；

（8）切断时要及时注意排屑的顺畅，否则易将刀头折断；

（9）一卡一顶装卡工件时，不能直接把工件切断，以防切断时工件飞出；

（10）指导教师要操作演示加工槽；示范精度检验。

2.2.5　项目考核样题及教学评价

1. 参考样题

如图 2-12 所示，毛坯为 ϕ30 的棒料，试根据图纸要求完成其加工。

2. 教学评价（表 2-6～表 2-8）

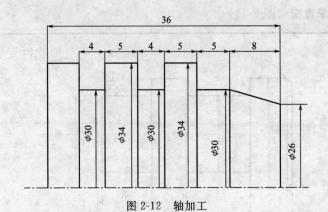

图 2-12 轴加工

表 2-6 学生自评表

班级			姓名	
项目名称			组别	
考核项目		考核内容	满分	得分
社会能力	尊敬师长、尊重同学		5	
	相互协作		5	
	主动帮助他人		5	
	办事能力		5	
方法能力	出勤	迟到	3	
		早退	3	
		旷课	4	
	能独立思考解决问题		5	
	创新能力		5	
专业能力	安全规范意识		5	
	5S 遵守情况		5	
	零件加工分析能力		10	
	工艺处理能力		10	
	仿真验证能力		10	
	实操能力		10	
	零件检验能力		10	
合计			100	
自我评价				

表 2-7 小组成员互评表

被评价学生		承担任务		
考核项目	考核内容	满 分		得 分
社会能力	尊敬师长	5		
	尊重同学	5		
	团队协作	10		
	主动帮助他人	10		

续表

被评价学生		承担任务		
考核项目	考核内容	满　分	得　　分	
方法能力	创新能力	10		
	学习态度	10		
	能独立思考解决问题	10		
专业能力	所承担的工作量	20		
	理论及实操能力	10		
	5S 遵守情况	10		
合　计		100		
评语				
评价人		学号		

表 2-8　教师评价表

班　级		姓　名		
项目名称		组　别		
评分内容		分　值	得　分	备　注
资　讯	起始情况评价	5		
	收集信息评价	5		
计划	工作计划情况	5		
决策	解决问题情况	5		
实施	零件加工分析	5		
	确定装夹方案	5		
	刀具正确选用及安装	5		
	确定加工方案	5		
	切削参数选用	5		
	识读加工工艺文件	5		
	识读加工程序	5		
	仿真加工验证	5		
	实际加工	5		
检查	零件检验	10		
	上交文件齐全、正确	5		
评价	完成工作量	5		
	工作效率及文明施工	5		
	学生自我评价	5		
	同组学生评价	5		
总分		100		
评价教师		评语		

2.2.6　思考与作业题

（1）总结归纳槽车削加工中所出现的问题和解决办法。

（2）分析刀具补偿精度问题，考虑保证零件加工精度和表面粗糙度要求应采取的措施。

（3）布置下次课需预习内容和相关知识。

（4）完成任务单。

任务 2.3　台阶、端面与倒角的切削

2.3.1　实训目的

（1）学会用 G80、G81 与倒角指令编程；

（2）掌握利用 G80、G81 指令进行外圆台阶与端面车削；

（3）掌握利用倒角指令进行倒直角和倒圆弧角；

（4）能够进行编程错误排除与加工精度检验。

2.3.2　实训指导

（1）粗车、精车的概念

① 粗车：转速不宜太快，切削深度大，进给速度快，以求在最短的时间内尽快把工件余量车掉。粗车对切削表面没有严格要求，只需留一定的精车余量即可，加工中要求装夹牢靠。

② 精车：精车指车削的末道工序，加工能使工件获得准确的尺寸和规定的表面粗糙度。此时，刀具应较锋利，切削速度较快，进给速度应慢一些。

（2）编程知识

① G80——简单内（外）径切削循环指令

格式：G80 X _ Z _ I _ F

作用：用于内（外）径切削加工。如图 2-13 所示，该指令由四个动作组成。

$A \rightarrow B$（1R）：刀具快速移动到切入起点 B。

$B \rightarrow C$（2F）：按指令 F _ 设定的速度进行切削。

$C \rightarrow D$（3R）：退刀。

$D \rightarrow A$（4R）：回到刀具起点。

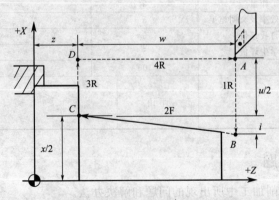

图 2-13　G80 指令内（外）径切削循环

【友情提示】

在使用该指令时，须设定起始点 A 坐标值（或称：循环起点）与切削终点 C 坐标值。起始点 A 点坐标值为刀具当前点的坐标值，切削终点 C 坐标值为指令中设定的 $X\_Z\_$ 坐标值，i 为切削起点 B 的半径值减去切削终点 C 的半径值。有正负值。$i=0$ 为圆柱体。$i\neq0$ 时为锥体。在计算该值时须注意切削起点 B 的半径值不是刀具切入工件的半径值。

例：如图 2-14 所示工件，使用 1 号刀具进行加工，毛坯为 $\phi30$ 的棒料，程序名为 ％0011，其加工程序如下。

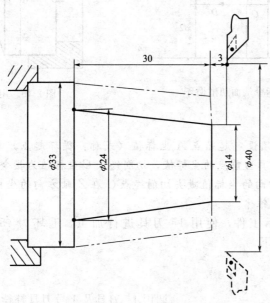

图 2-14 用 G80 车削示例图

％0011	
G95	设定进给方式为每转进给
M03 S500	设定主轴转向与转速
T0101	调用 1 号刀具及 1 号刀具补偿
G00　X40 Z3	设定 A 点
G80 X30 Z−30 I−5.5 F0.5	加工第一次循环
X27 Z−30 I−5.5	加工第二次循环
X24 Z−30 I−5.5	加工第三次循环
T0100	退出 1 号刀具刀具补偿
M30	程序结束，返回程序开头

② G81——简单端面切削循环指令

格式：G81 X—Z—K—F

作用：用于端面切削加工。如图 2-15 所示，该指令由四个动作组成。

$A{\rightarrow}B$（1R）：刀具快速移动到切入起点 B。

$B{\rightarrow}C$（2F）：按指令 F—设定的速度进行切削。

$C{\rightarrow}D$（3R）：退刀。

$D{\rightarrow}A$（4R）：回到刀具起点。

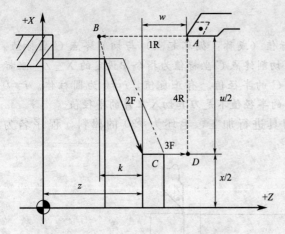

图 2-15　G81 指令端面切削循环

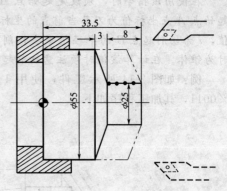

图 2-16　用 G81 车削示例图

【友情提示】

在使用该指令时，须设定起始点 A 坐标值（或称：循环起点）与切削终点 C 坐标值。起始点 A 点坐标值为刀具当前点的坐标值，切削终点 C 坐标值为指令中设定的 Z 坐标值，k 为切削起点 B 在 Z 轴方向的坐标值减去切削终点 C 在 Z 轴方向的坐标值。有正负值。$k=0$ 端面为平面。$k\neq0$ 时为锥体。

例：如图 2-16 所示工件，使用 1# 刀具进行加工，毛坯为 $\phi55$ 的棒料，程序名为 %0022，其加工程序如下。

加工程序

%0022	
T0101	调用 1# 刀具及 1 号刀具补偿
M03 M500	设定主轴转向与转速
G00　X60 Z3	设定 A 点
G81 X25 Z31.5 K−3.5 F120	加工第一次循环，吃刀深度 2mm
X25 Z29.5 K−3.5	加工第二次循环，吃刀深度 2mm
X25 Z27.5 K−3.5	加工第三次循环，吃刀深度 2mm
X25 Z25.5 K−3.5	加工第四次循环，吃刀深度 2mm
M05	主轴停
M30	程序结束，返回程序开头

③ 倒角指令

格式一：G01 X（U）_Z（W）_C_；

说明：该指令用于直线后倒直角，指令刀具从 A 点到 B 点，然后到 C 点（见图 2-17）。

X、Z——绝对编程时，为未倒角前两相邻程序段轨迹的交点 G 的坐标值；

U、W——增量编程时，为 G 点相对于起始直线轨迹的始点 A 点的移动距离；

C——倒角终点 C，相对于相邻两直线的交点 G 的距离。

格式二：G01 X（U）_Z（W）_R_；

说明：该指令用于直线后倒圆角，指令刀具从 A 点到 B 点，然后到 C 点（见图 2-18）。

X、Z——绝对编程时，为未倒角前两相邻程序段轨迹的交点 G 的坐标值；

U、W——增量编程时，为 G 点相对于起始直线轨迹的始点 A 点的移动距离；

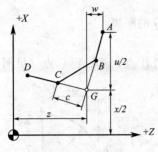

图 2-17 倒角参数说明

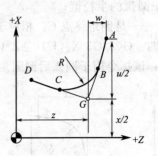

图 2-18 倒角参数说明

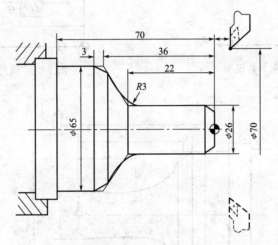

图 2-19 倒角编程实例

R——倒角圆弧的半径值。

例：如图 2-19 所示，用倒角指令编程。

%3314

T0101

M03 S460

G00 U−70 W−10

G01 U26 C3 F100

W−22 R3

U39 W−14 C3

W−34

G00 U5 W80

M05

M30

格式三：G02/G3 X（U）_ Z（W）_ R_ RL= _

说明：该指令用于圆弧后倒直角，指令刀具从 A 点到 B 点，然后到 C 点（见图 2-20）。

X、Z——绝对编程时，为未倒角前圆弧终点 G 的坐标值；

U、W——增量编程时，为 G 点相对于圆弧始点 A 点的移动距离；

R——圆弧的半径值；

RL＝——是倒角终点 C，相对于未倒角前圆弧终点 G 的距离。

格式四：G02/G3 X（U）＿Z（W）＿R＿RC＝＿

说明：该指令用于圆弧后倒圆角，指令刀具从 A 点到 B 点，然后到 C 点（见图 2-21）。

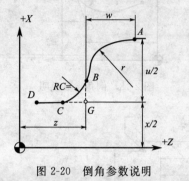

图 2-20　倒角参数说明　　　　　图 2-21　倒角参数说明

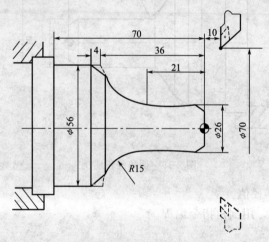

图 2-22　倒角编程实例

X、Z——绝对编程时，为未倒角前圆弧终点 G 的坐标值；

U、W——增量编程时，为 G 点相对于圆弧始点 A 点的移动距离；

R——圆弧的半径值；

RC＝——是倒角圆弧的半径值。

例：如图 2-22 所示，用倒角指令编程。

```
%3515
T0101
M03   S500
G00 X70 Z10
G00 X0 Z4
G01 W－4 F100
X26 C3
Z－21
```

G02 U30 W－15 R15 RL＝4

G01 Z－70

G00 U10

X70 Z10

M05

M30

【友情提示】

（1）螺纹切削程序段中不得出现倒角控制指令。

（2）图 2-17，图 2-18 中 GA 长度必须大于 GB 长度，否则报警。

（3）RL＝、RC＝，必须大写。

2.3.3 操作练习

练习题目 G80、G81 与倒角指令的运用（图 2-23）

1. 工艺分析

（1）零件几何特点 零件加工面主要为 $\phi50$，$\phi40$ 到 $\phi50$ 锥面、$\phi30$ 与 $\phi20$ 台阶及 $2\times45°$ 倒角。各外圆长度尺寸如图 2-23 所示，表面粗糙度均为 $1.6\mu m$。

（2）加工方案 根据零件结构选用毛坯为 $\phi52mm\times65mm$ 的棒料，工件材料为 45 钢。选用 CAK6136V 机床即可达到要求。

以外圆为定位基准，用卡盘夹紧，其加工方案如下：

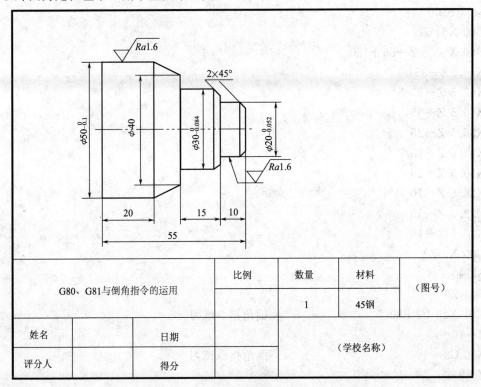

G80、G81与倒角指令的运用		比例	数量	材料	（图号）
			1	45钢	
姓名		日期		（学校名称）	
评分人		得分			

图 2-23 练习题图

① 平端面，用 G81 进行；

② 外圆粗车循环切削，用 G80 进行，留 0.5mm 的精车余量；

③ 外圆精车循环切削，用 G01 与 G80 完成，达到尺寸要求；

④ 切断，切断刀刀宽为 4mm，用 G01 切。

（3）加工中刀具及切削参数选择　见表 2-9。

表 2-9　刀具及切削参数

序号	工步内容	刀具号	刀具规格		主轴转速	进给速度
			类型	材料	n/(r/min)	V/(mm/min)
1	端面车削	T01	90°外圆车刀	硬质合金	500	50
2	外圆粗加工	T01	90°外圆车刀		500	120
3	外圆精车	T02	90°外圆车刀		1200	80
4	切断	T03	切断刀		500	50

（4）测量量具　采用靠模板、游标卡尺等，精度要求较高的外圆可以用千分尺测量。

2. 参考程序

（1）确定工件坐标系和对刀点　如图 2-23 在 XOZ 平面内确定以工件右端面轴心线上点为工件原点，建立工件坐标系。采用手动试切对刀方法对刀。

（2）编程

%2003;

T0101

M03 S500

G00 X54 Z2

G80 X50.5 Z−56 F120

X46.5Z−35

X42.5 Z−35

X40.5 Z−35

X36.5 Z−25

X32.5 Z−25

X30.5 Z−25

X26.5 Z−10

X22.5 Z−10

X20.5 Z−10

G00 X0 Z2

S1200

G01 Z0

G01 X20 C2 F80　　　　　　　倒角指令练习

Z−10

X30 C2　　　　　　　倒角指令练习

Z−25

X50

Z—56

X54 F120

G00 Z—23

S500

G80 X58 Z—37 I—7 F120

X54 Z—37 I—7

X52.5 Z—37 I—7

S1200

X52 Z—37 I—7 F80

G00 X100 Z150

M05；

M30；

（3）指导轮廓程序的编制及工艺的制定　建议以手动方式进行程序编制，重点掌握 G80、G81、G01 的倒角用法。

2.3.4 注意事项

（1）要根据零件加工情况，正确选择 G80 与 G81 指令；

（2）使用 G80 与 G81 指令时，I、K 值必须计算准确；

（3）倒角加工时必须注意，只有在两相邻轨迹相交时才有；

（4）注意在圆弧与直线之间倒角时是 RL＝和 RC＝，并且两个都要大写；

（5）切削用量选择不合理，刀具刃磨不当，致使铁屑不断屑，要选择合理切削用量及刀具；

（6）要按照操作步骤逐一进行相关训练，对未涉及的问题及不明白之处要询问指导教师，切忌盲目加工；

（7）尺寸及表面粗糙度达不到要求时，要找出其中原因，知道正确的操作方法及注意事项；

（8）指导教师要操作演示，示范精度检验。

2.3.5 思考与作业题

（1）总结归纳用 G80、G81 加工锥面时所出现的问题和解决办法。

（2）总结归纳使用倒角指令的条件和注意事项。

（3）布置下次课需预习内容和相关知识。

（4）完成任务单。

任务 2.4　螺纹切削

2.4.1 实训目的

（1）理解螺纹标注的含义；

（2）熟悉螺纹的切削方法；

（3）会计算螺纹切削用的基本参数；

（4）会安排带有螺纹的轴类零件的加工工艺；

（5）会编制螺纹的加工程序。

2.4.2 实训指导

1. 螺纹标注的含义

图 2-24 为普通螺纹的标注，图 2-25 为梯形、锯齿形螺纹的标注。

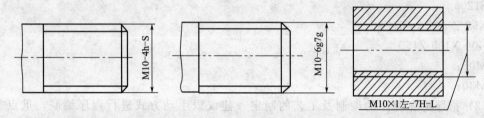

图 2-24 普通螺纹标注

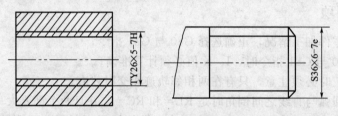

图 2-25 梯形、锯齿形螺纹标注

图 2-24 中：M10—4h—S 表示外螺纹，粗牙普通螺纹，公称直径为 10mm，右旋，中径和顶径公差带代号为 4h，短旋合长度；M10—6g7g 表示外螺纹、粗牙普通螺纹，公称直径为 10mm，右旋，中径公差带为 6g，顶径公差带为 7g，中旋合长度；M10×1 左—7H—L 表示内螺纹，细牙普通螺纹，公称直径为 10mm，螺距为 1mm，左旋，中径和顶径的公差带为 7H，长旋合长度。

图 2-25 中：Tr26×5—7H 表示内螺纹，梯形螺纹，公称直径为 26mm，螺距为 5mm，单线，右旋；中径公差带代号为 7H，旋合长度为 N 组；S36×6—7e 表示外螺纹，锯齿形螺纹，公称直径为 36，螺距为 6，单线，右旋。

从图 2-24 和图 2-25 螺纹的标注含义中可以看出：

（1）按照螺旋线分布的表面，螺纹可以分为外螺纹和内螺纹。

（2）按螺纹断面形状，螺纹可以分为三角形螺纹、矩形螺纹、梯形螺纹和锯齿形螺纹。

① 三角螺纹，代号"M"。牙型断面呈三角形，摩擦力大，强度高，作连接用，分公制和英制两种，公制螺纹的牙型角 $\alpha=60°$，英制 $\alpha=55°$，三角螺纹已标准化。

② 梯形螺纹，代号"T"。牙型断面呈等腰梯形，牙型角，公制 $\alpha=30°$，英制 $\alpha=29°$，梯形螺纹应用的地方很多，如车床的丝杠，中、小拖板的丝杠等，是传动的主要形式之一。由于精度要求较高，比三角螺纹的加工要复杂得多，梯形螺纹也已标准化。

③ 锯齿形螺纹，代号"S"。牙型断面呈锯齿形状，牙型角 $\alpha=33°$（工作面牙型角 3°），转动效率比梯形螺纹高，常用于单向承受压力的锻压机械、轧钢机、螺纹压力机等，锯形螺

纹也已标准化。

④ 矩形螺纹。牙型断面呈方形，传动效率较其他螺纹高，强度低，精确车削困难，应用受到局限，矩形螺纹一般用于力传动，没有标准化，可用梯形螺纹代替。

（3）普通螺纹根据螺距大小分为粗牙普通螺纹和细牙普通螺纹。

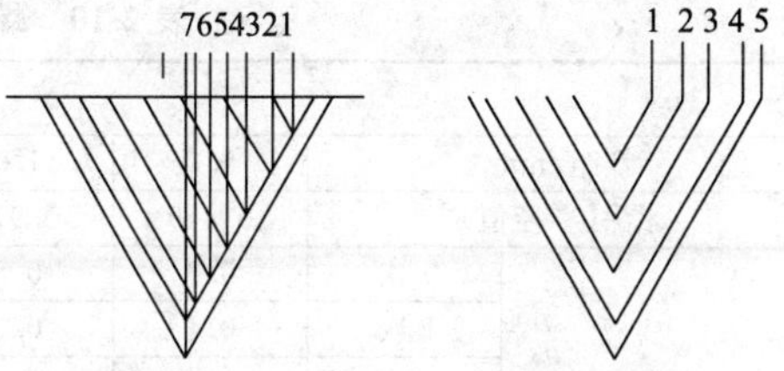

图 2-26　螺纹进刀切削方法

2. 螺纹的切削方法

在数控车床上加工螺纹的方法有直进法、斜进法两种，见图 2-26。直进法容易获得较准确的牙型，但切削力较大，适合加工导程较小的三角螺纹（一般导程小于 3mm）；斜进法在每次往复行程后，除了做横向进刀外，只在纵向的一个方向做微量进给，斜进法适合加工导程较大的螺纹。

数控车床除了加工普通车床加工的标准螺纹外，还可以加工普通车床不能加工的大螺距、变螺距、等螺距与变螺距或圆柱与圆锥螺纹面之间作平滑过渡的螺纹零件，而且加工螺纹时，主轴转向不像普通车床那样交替变换，它可以不停顿地循环直至完成螺纹加工，所以数控车床切削螺纹具有范围广、精度高和效率高的特点。

数控车床也可以加工多线普通螺纹，而且不容易"乱扣"。

3. 螺纹切削用基本参数

螺纹的主要参数有大径、小径、中径、线数、螺距、牙型角。其中牙型角是螺纹车刀刀尖角刃磨的依据；其他则要根据螺纹加工的实际情况进行计算。

（1）车外螺纹前的圆柱直径（大径）d 的计算　在螺纹车削过程中，车刀对工件的作用是工件表面发生塑性变形，结果使工件直径变大，所以车外螺纹前的圆柱直径比公称直径要小，车螺纹前的圆柱直径为：

$$d = 公称直径 - 0.13P$$

（2）螺纹小径 d_1　螺纹最小直径（螺纹的牙底直径）的计算公式为

$$d_1 = D_1 = d - 1.08P$$

（3）螺距 P　沿轴线量的两牙对应点间的距离，等于螺纹导程与螺纹线数的比值。

数控车床加工螺纹时，由于机床伺服系统本身具有滞后特性，会在螺纹起始段和停止段发生螺距不规则现象，所以实际加工螺纹的长度应包括切入长度和切出长度。切入长度 δ_1 一般取 2～5mm；切出长度 δ_2 一般取 1～2mm。

4. 加工螺纹时的切削用量

由于螺纹加工属于成形加工，为了保证螺纹的导程，加工时主轴旋转一周，车刀的进给量必须等于螺纹的导程；进给量较大；另外，螺纹车刀的强度一般较差，故螺纹牙型往往需要多次进给，每次进给的吃刀量用螺纹深度与精加工吃刀量所得的差按递减规律分配，见表 2-10。

5. 螺纹车刀的装夹

（1）装夹螺纹车刀时，刀尖要与工件中心等高（可根据尾座顶尖高度检查）；刀杆与工件轴线垂直。

（2）刀头伸出不要过长，一般为 20～25mm（约为刀杆厚度的 1.5 倍）。

表 2-10　螺纹切削的吃刀量分配表

公制螺纹							
螺距/mm	1.0	1.5	2	2.5	3	3.5	4
牙深(半径值)	0.649	0.974	1.299	1.624	1.949	2.273	2.598
切削次数及吃刀量(直径值) 1次	0.7	0.8	0.9	1.0	1.2	1.5	1.5
2次	0.4	0.6	0.6	0.7	0.7	0.7	0.8
3次	0.2	0.4	0.6	0.6	0.6	0.6	0.6
4次		0.16	0.4	0.6	0.6	0.6	0.6
5次			0.1	0.4	0.4	0.4	0.4
6次				0.15	0.4	0.4	0.4
7次					0.2	0.2	0.4
8次						0.15	0.3
9次							0.2

英制螺纹							
牙/in	24	18	16	14	12	10	8
牙深(半径值)	0.698	0.904	1.016	1.162	1.355	1.626	2.033
切削次数及吃刀量(直径值) 1次	0.8	0.8	0.8	0.8	0.9	1.0	1.2
2次	0.4	0.6	0.6	0.6	0.6	0.7	0.7
3次	0.16	0.3	0.5	0.5	0.6	0.6	0.6
4次		0.11	0.14	0.3	0.4	0.4	0.5
5次				0.13	0.21	0.4	0.5
6次						0.16	0.4
7次							0.17

6. 车削螺纹的工艺安排

如果螺纹零件上有螺纹退刀槽，退刀槽和螺纹属于零件的次要表面，一般放在主要表面的粗加工、半精加工之后，精加工之前进行，所以工艺上应该先车槽，再车螺纹，然后再进行零件精加工；车削螺纹前的圆柱面尺寸可以按公式计算，也可以比基本尺寸小 0.20～0.3mm，以保证车好螺纹后牙顶平滑。对于脆性材料，工件外圆表面粗糙度要小，以免车削螺纹时牙尖崩裂。

7. 螺纹的测量和检查

（1）大径的测量　螺纹大径的公差较大，一般可用游标卡尺或千分尺测量。

（2）螺距的测量　螺距一般可用钢直尺测量，如果螺距较小可先量 10 个螺距然后除以 10 得出一个螺距的大小。如果螺距较大，可以只量 2 至 4 个，然后再求一个螺距。

（3）中径的测量　精度较高的三角形螺纹，可用螺纹千分尺测量，所测得的千分尺读数就是该螺纹的中径实际尺寸。

（4）综合测量　用螺纹环规综合检查三角形外螺纹。首先对螺纹的直径、螺距、牙型和粗糙度进行检查，然后再用螺纹环规测量外螺纹的尺寸精度。如果环规通端正好拧进去，而且止端拧不进，说明螺纹精度符合要求。

8. 相关编程知识

（1）螺纹切削指令 G32

格式：G32 X（U）_ Z（W）_ R_E_P_F_

说明：（见图 2-27）

X、Z——绝对编程时，有效螺纹终点在工件坐标系中的坐标。

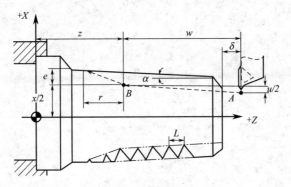

图 2-27 螺纹切削参数

U、W——增量编程时，有效螺纹终点相对于螺纹切削起点的位移量。

F——螺纹导程，即主轴每转一圈，刀具相对于工件的进给值。

R、E——螺纹切削的退尾量，R 表示 Z 向退尾量；E 表示 X 向退尾量。

R、E 在绝对或增量编程时都是以增量方式指定，其为正表示沿 Z、X 正向回退，为负表示沿 Z、X 负向回退。使用 R、E 可免去退刀槽。R、E 可以省略，表示不用回退功能；根据螺纹标准 R 一般取 2 倍的螺距，E 取螺纹的牙型高。

P——主轴基准脉冲处距离螺纹切削起始点的主轴转角。

使用 G32 指令能加工圆柱螺纹、锥螺纹和端面螺纹。

【友情提示】

① 在螺纹切削期间进给速度倍率无效（固定 100%）。

② 不停主轴而停止螺纹刀具进给是非常危险的，可能会因切削深度突然增加而损坏刀具。因此，在螺纹切削时进给暂停功能无效。如果在螺纹切削期间按了进给暂停按钮，进给暂停灯亮；刀具到了执行非螺纹切削的程序段时停止，然后进给暂停灯灭。

③ 由于涡形螺纹和锥形螺纹切削期间恒表面切削速度控制有效，此时由于主轴速度发生变化有可能切不出正确的螺距。因此，在螺纹切削期间不要使用恒表面切削速度控制，而使用 G97。

④ 在螺纹切削程序段的前一个程序段中不能指定倒角或拐角。

⑤ 在螺纹切削程序段中不能指定倒角或拐角。

⑥ 主轴速度倍率功能在切螺纹时失效，主轴倍率固定在 100%。

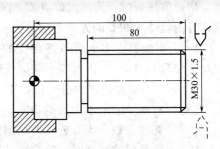

图 2-28 螺纹编程实例

例：对图 2-28 所示的圆柱螺纹编程，螺纹导程为 1.5mm，每次吃刀量（直径值）分别为 0.8mm、0.6 mm、0.4mm、0.16mm。

参考程序：

%3316

N1 T0101

N2 G00 X50 Z120

N3 M03 S700

N4 G00 X29.2 Z101.5

N5 G32 Z19 F1.5

N6 G00 X40

N7 Z101.5

N8 X28.6

N9 G32 Z19 F1.5

N10 G00 X40

N11 Z101.5

N12 X28.2

N13 G32 Z19 F1.5

N14 G00 X40

N15 Z101.5

N16 U－11.96

N17 G32 W－82.5 F1.5

N18 G00 X40

N19 X50 Z120

N20 M05

N21 M30

（2）螺纹切削循环 G82

直螺纹切削循环

格式：G82 X（U）_Z（W）_I_R_E_C_P_F_；

说明：（见图 2-29）

X、Z——绝对值编程时，为螺纹终点 C 在工件坐标系下的坐标。

增量值编程时，为螺纹终点 C 相对于循环起点 A 的有向距离，图形中用 U、W 表示，其符号由轨迹 1 和 2 的方向确定。

I——螺纹起点 B 与螺纹终点 C 的半径差。其符号为差的符号（无论是绝对值编程还是增量值编程），I 为"0"时表示切圆柱螺纹。

R，E——螺纹切削的退尾量，R、E 均为向量，R 为 Z 向回退量；E 为 X 向回退量，R、E 可以省略，表示不用回退功能。

C——螺纹头数，为 0 或 1 时切削单头螺纹。

P——单头螺纹切削时，为主轴基准脉冲处距离切削起始点的主轴转角（缺省值为 0）；多头螺纹切削时，为相邻螺纹头的切削起始点之间对应的主轴转角。

F——螺纹导程。

该指令执行图 2-29 所示 A→B→C→D→A 的轨迹动作。在螺纹切削循环中，切螺纹的退刀方式是先退刀到由 G82 前一句指令所指定螺纹刀坐标 X 轴数值所定的位置点，然后退到螺纹刀起刀点位置上，再进入下一个循环中。

在螺纹切削期间，按下进给暂停按钮时，刀具立即按斜线退回，先回到 X 轴起点再回到 Z 轴起点。

例：如图 2-30 所示，用 G82 指令编程，毛坯外形已加工完成。

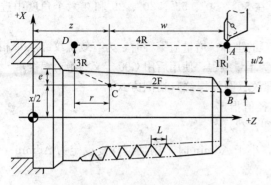

图 2-29 螺纹切削循环

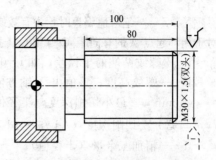

图 2-30 G82 切削循环编程实例

%3324

N1 T0101

N2 G00 X35 Z104

N3 M03 S700

N4 G82 X29.2 Z18.5 C2 P180 F3

N5 X28.6 Z18.5 C2 P180 F3

N6 X28.2 Z18.5 C2 P180 F3

N7 X28.04 Z18.5 C2 P180 F3

N8 G00 X100 Z150

N9 M05

N10 M30

(3) 螺纹切削复合循环 G76

格式：G76C(e)R(r)E(e)A(a)X(x)Z(z)I(i)K(k)U(d)V(Δdmin)Q(Δd)P(p)F(L)；

螺纹切削固定循环 G76 执行如图 2-31 所示的加工轨迹。其单边切削及参数如图 2-32 所示。

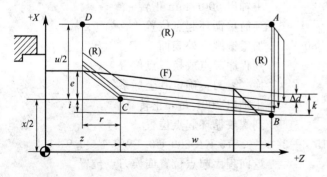

图 2-31 螺纹切削复合循环 G76

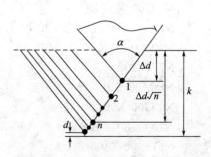

图 2-32 G76 循环单边切削及其参数

其中：

C——精整次数（1~99），为模态值；

r——螺纹 Z 向退尾长度（00~99），为模态值；

e——螺纹 X 向退尾长度（00~99），为模态值；

α——刀尖角度（二位数字），为模态值；在 80°、60°、55°、30°、29°和 0°六个角度中选一个；

X、Z——绝对值编程时，为有效螺纹终点 C 的坐标；增量值编程时，为有效螺纹终点 C 相对于循环起点 A 的有向距离；（用 G91 指令定义为增量编程，使用后用 G90 定义为绝对编程）

i——螺纹两端的半径差；如 i＝0，为直螺纹（圆柱螺纹）切削方式；

k——螺纹高度；该值由 X 轴方向上的半径值指定；

Δdmin——最小切削深度（半径值）（见图 2-32）；

当第 n 次切削深度（$\Delta d\sqrt{n}-\Delta d\sqrt{n-1}$），小于 Δdmin 时，则切削深度设定为 Δdmin；

d——精加工余量（半径值）；

Δd——第一次切削深度（半径值）（见图 2-32）；

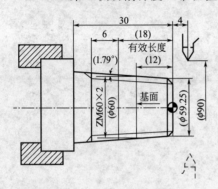

图 2-33　G76 循环切削编程实例

P——主轴基准脉冲处距离切削起始点的主轴转角；

L——螺纹导程（同 G32）。

注意：

用 G76 指令实现循环加工过程中，增量编程时，要注意 u 和 w 的正负号（由刀具轨迹 AC 和 CD 段的方向决定）。

G76 循环进行单边切削，减小了刀尖的受力。第一次切削时切削深度为 Δd，第 n 次的切削总深度为 $\Delta d\sqrt{n}$，每次循环的背吃刀量为 $\Delta d\sqrt{n}-\Delta d\sqrt{n-1}$。

例：用螺纹切削复合循环 G76 指令编程，加工螺纹为 ZM60×2，工件尺寸见图 2-33，其中括弧内尺寸根据标准得到。（tan1.79＝0.03125）

```
%3331
N1 T0101                                    换一号刀，确定其坐标系
N2 G00 X100 Z100                            到程序起点或换刀点位置
N3 M03 S500                                 主轴以 500r/min 正转
N4 G00 X90 Z4                               到简单循环起点位置
N5 G80 X61.125 Z—30 I—1.063 F80            加工锥螺纹外表面
N6 G00 X100 Z100 M05                        到程序起点或换刀点位置
N7 T0202                                    换二号刀，确定其坐标系
N8 M03 S700                                 主轴以 700r/min 正转
N9 G00 X90 Z4                               到螺纹循环起点位置
N10 G76 C2 R—3E1.5 A60 X58.15 Z—24 I—0.875 K1.299 U0.1 V0.1 Q0.9 F2
N11 G00 X100 Z100                           返回程序起点位置或换刀点位置
N12 M05                                     主轴停
N13 M30                                     主程序结束并复位
```

2.4.3　操作练习

如图 2-34 所示，加工带退刀槽的单线圆锥螺纹零件，已知工件材料为 45 钢，毛坯尺寸为 φ50×80，已完成轮廓基本加工，只需按照车螺纹要求适当车一下外圆和螺纹即可。

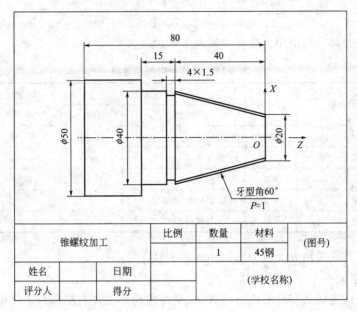

锥螺纹加工	比例	数量	材料	(图号)
		1	45钢	
姓名	日期		(学校名称)	
评分人	得分			

图 2-34　锥螺纹加工零件图

1. 工艺分析

（1）零件几何特点　零件加工面主要为端面、圆锥面、退刀槽以及一锥螺纹，尺寸要求如图 2-34 所示。

（2）加工顺序　毛坯为 $\phi50\times80$ 的棒料，工件材料为 45 钢。加工部位主要是 $\phi40$ 外圆、端面、4×1.5 的退刀槽以及锥螺纹的车削。根据零件图样要求，可以选用 CAK6136V 机床进行加工。加工顺序是：

① 平端面；

② 外圆、锥面精车；

③ 切退刀槽；

④ 螺纹车削。

（3）相关计算

① 加工外轮廓螺纹大径时，外圆锥应该车到的尺寸按公式计算为：

$$d_{20}=20\text{mm}-0.13\times1\text{mm}=19.87\text{mm}$$
$$d_{40}=40\text{mm}-0.13\times1\text{mm}=39.87\text{mm}$$

② 确定升速点和降速点。

升速点距工件端面 2mm，降速点距工件端面 -41.5mm，即 $\delta_1=2$mm，$\delta_2=1.5$mm。

③ 计算 R 值。

在升速点，经过计算 $X_{起}=19$mm；在降速点 $X_{终}=40.75$mm。

所以　　　　$R=\dfrac{1}{2}(X_{起}-X_{终})=\dfrac{1}{2}(19-40.75)=-10.875$

④车锥螺纹时，螺纹小径在升速点和降速点应该车到的尺寸 d_{20} 和 d_{40}。

车锥螺纹时，螺纹小径在升速点和降速点应该车到的尺寸按公式计算为：

$$d_{20} = 19 - 1.08 \times 1 = 17.72mm$$
$$d_{40} = 40.75 - 1.08 \times 1 = 39.67mm$$

（4）各工步刀具及切削用量选择　见表 2-11。

表 2-11　刀具及切削用量表

工步号	工步内容	刀具号	刀具规格		主轴转速 $n/(r/min)$	进给速度 $f/(mm/r)$
			类型	材料		
1	端面车削	T01	90°外圆车刀		500	0.1
2	外圆粗加工	T01	90°外圆车刀		500	0.2
3	外圆精车	T02	90°外圆车刀	硬质合金	1000	0.05
4	切退刀槽	T03	刀宽为 4mm 切槽刀		400	0.1
5	螺纹切削	T04	60°米制螺纹车刀		500	1

（5）测量量具　选用分度值为 0.02mm 的卡尺。

2. 参考程序

（1）选定工件坐标系和对刀点　在 XOZ 平面内确定工件右端面与工件中心线交点为工件原点，建立工件坐标系。

（2）编程

%4002;

N10 M03 S1500 T0101;

N20 G00 X55.0 Z0;

N30 G01 X−2.0 F100;

N40 G00 Z2.0;

N50 X55.0 Z2.0;

N70 G00 X19.87;

N80 G01 Z0;

N90 X39.87 Z−40.0;

N100 Z−55.0;

N105 X55

N110 G00 X100.0 Z60.0;

N120 T0202;

N125 S700;

N180 G00 X55.0 Z−44.0;

N190 G01 X37.0 F60;　　　　　　　　　　车槽

N200 X55.0;

N210 G00 X100.0 Z60.0;

N220 T0303;

N230 G00 X55.0 Z2.0;

N240 G82 X40.75 Z−41.5 I−10.875 F1;　　加工锥螺纹

N250 X40.0 I−10.875;

N260 X39.75 I—10.875；

N270 X39.67 I—10.875；

N280 G00 X100.0 Z150.0；

N290 M05；

N300 M30；

（3）指导学生编程，进行程序调试

2.4.4 注意事项

（1）圆锥螺纹的切入长度和切出长度与圆柱螺纹相同。

（2）编程时，重点是 R 的计算，要按切入点和切出点的位置来计算，不能按实际锥度来考虑。

（3）加工螺纹时可以增加空行程次数，以降低螺纹的表面粗糙度。

（4）零件的首件试切。加工到带有公差的尺寸时，粗加工后应及时测量工件尺寸，如果和预设值有误差，指导学生修改刀补设置，校正尺寸精度，并分析误差产生的原因，及时采取工艺措施。

（5）切退刀槽时注意进给速度不要太快。

2.4.5 思考与作业题

（1）使用 G82 编写锥螺纹，应该注意什么？

（2）布置下次课需预习内容和相关知识。

（3）指出螺纹加工在综合零件加工中的加工顺序位置，并简要说明原因。

（4）完成任务单。

任务 2.5　内、外径粗车复合循环加工

2.5.1 实训目的

（1）掌握运用 G71 指令进行内、外径循环车削编程；

（2）理解 G71 指令车削原理与特点；

（3）能够利用 G71 指令进行操作加工及精度检验与控制。

2.5.2 实训指导

1. 刀具选择

当利用 G71 进行外圆加工时，一定要注意在车削圆弧和凹形面时要选择合适的刀具，主要是合理选择刀具副偏角，避免车削时刀具与工件表面产生干涉现象。如图 2-35 中零件加工时，由于副偏角选择不当，致使刀具与已加工圆弧面发生了干涉。

2. 知识链接

G71——内（外）径粗车复合循环指令，当无凹槽时格式为：

G71 U(Δd) R(r) P(ns) Q(nf) X(Δx) Z(Δz) F(f) S(s) T(t)

说明：U——指定每刀切削深度；（半径值）

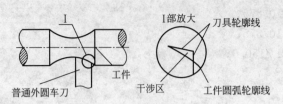

图 2-35　刀具与圆弧面干涉

R——指定远离工件方向的 45°退刀量；

P——工件最终轨迹的加工程序的起始段号；

Q——工件最终轨迹的加工程序的结束段号；

X——X 轴方向的预留量；（直径值）

Z——Z 轴方向的预留量；

F——切削速度；

S——主轴转速；

T——使用刀号及刀补号。

注：此指令包含外形粗切削和外形仿形切削两个过程，外形粗切削到台阶锥形，切削次数及切削尺寸由系统自动进行计算后得出；仿形切削则是切削出零件的各细微部分的基本形状，并为下次精加工提供预留量。在工件最终轨迹的加工程序中，第二段必须移动 Z 向坐标，在整个最终轨迹的加工程序中 Z 向坐标的移动必须同向，不能反向，因此最终轨迹不是闭合线，在此例中为 A 点—B 点。其中 S 点为起始点，走刀路径如图 2-36 所示，如果 S、T 在前面已指定此处可省略。

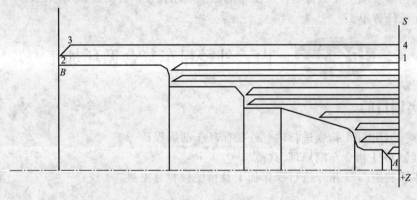

图 2-36　走刀路径

例：用外径粗加工复合循环编制图 2-37 所示零件的加工程序。要求循环起始点在 A（46，3），切削深度为 1.5mm（半径量）。退刀量为 1mm，X 方向精加工余量为 0.4mm，Z 方向精加工余量为 0.05mm，其中点画线部分为工件毛坯。

%1325（见图 2-37）

T0101

M03 S500

G00 X46 Z3

G71 U1.5 R1 P5 Q13 X0.4 Z0.05 F120；

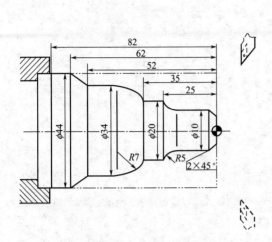

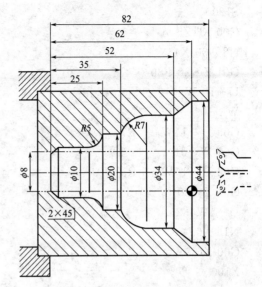

图 2-37　G71 外径复合循环编程实例　　　　图 2-38　G71 内径复合循环编程实例

N5 G00 X0

S1200

G01 X10 Z−2

Z−20

G02 U10 W−5 R5

G01 W−10

G03 U14 W−7 R7

G01 Z−52

U10 W−10

W−20

N13 X46

G00 X100 Z150

M05

M30

　　例：用内径粗加工复合循环编制图 2-38 所示零件的加工程序。要求循环起始点在 A (46，3)，切削深度为 1mm（半径量）。退刀量为 1mm，X 方向精加工余量为 0.4mm，Z 方向精加工余量为 0.05mm，其中点画线部分为工件毛坯。

％1235

T0101

M03 S500

G00 X6 Z5

G71 U1 R1 P8 Q16 X−0.4 Z0.05 F100

G00 X100 Z150

T0202

S1200

G00 X6 Z5

N8 G00 X44

G01 Z−20 F80

U−10 W−10

W−10

G03 U−14 W−7 R7

G01 W−10

G02 U−10 W−5 R5

G01 Z−80

U−4 W−2

N16 X6

G00 Z150

X100

M05

M30

有凹槽内（外）径粗车复合循环格式为：

G71 U(Δd) R(r) P(ns) Q(nf) E(e) F(f) S(s) T(t)

说明：（见图 2-39）

该指令执行如图 2-39 所示的粗加工和精加工，其中精加工路径为 $A \rightarrow A' \rightarrow B' \rightarrow B$ 的轨迹。

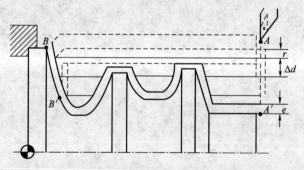

图 2-39　内（外）径粗车复合循环 G71

e——精加工余量，其为 X 方向的等高距离；外径切削时为正，内径切削时为负。

其余参数含义同无凹槽的格式。

【友情提示】

（1）G71 指令必须带有 P、Q 地址 ns、nf，且与精加工路径起、止顺序号对应，否则不能进行该循环加工。

（2）ns 的程序段必须为 G00/G01 指令，即从 A 到 A' 的动作必须是直线或点定位运动。

（3）在顺序号为 ns 到顺序号为 nf 的程序段中，不应包含子程序。

例：用有凹槽的外径粗加工复合循环编制图 2-40 所示零件的加工程序，其中点画线部分为工件毛坯。

```
%3515
T0101
M03 S500
G00 X42 Z3
G71 U1 R1 P8 Q19 E0.3 F120
G00 X100 Z100I
T0202
G00 X42 Z3
S1200
N8 G00 X10
G01 X20 Z−2 F80
Z−8
G02 X28 Z−12 R4
G01 Z−17I
U−10 W−5
W−8
U8.66 W−2.5
Z−37.5
G02 X30.66 W−14 R10
G01 W−10
N19 X42
G00 X100 Z100
M05
M30
```

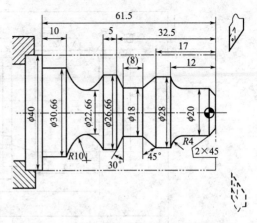

图 2-40 G71 有凹槽复合循环编程实例

2.5.3 操作练习

练习题目一：G71 的运用。如图 2-41 所示，根据图纸要求完成其加工，其中未注倒角为 C2。

1. 工艺分析

(1) 零件几何特点 零件加工面主要为外圆柱面、圆锥面、端面、槽、螺纹以及倒角等。最小尺寸公差 0.021，表面粗糙度最小为 1.6μm，有两处为 3.2μm，其余均为 6.3μm。

(2) 加工方案 根据零件结构选用毛坯为 φ50mm×80mm 的棒料，工件材料为 45 钢。选用 CAK6136V 机床即可达到要求。

以外圆为定位基准，用卡盘夹紧，其加工方案如下：

① 平左端面；

② 外圆粗车循环切削左端，长度切削要大于 29mm，用 G71 进行，留 0.5mm 的精车余量；

③ 左端外圆精车，达到尺寸要求；

④ 掉头打表并保证同轴度 φ0.025，平右端面，保证总长 74mm，建立工件坐标系；

⑤ 右端外圆柱、圆锥面粗车；

⑥ 右端外圆柱、圆锥面精车；

⑦ 切 4×3 槽；

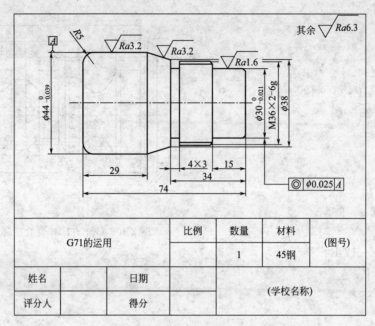

图 2-41 练习题图

⑧ 切 M36×2 螺纹。

（3）加工中刀具及切削参数选择　见表 2-12。

表 2-12　刀具及切削参数

序号	工步内容	刀具号	刀具规格		主轴转速 $n/(r/min)$	进给速度 $V/(mm/min)$
			类型	材料		
1	端面车削	T01	90°外圆车刀		500	50
2	外圆粗加工	T01	90°外圆车刀		500	100
3	外圆精车	T02	90°外圆车刀	硬质合金	1500	80
4	切槽	T03	切断刀		700	60
5	切螺纹	T04	60°外螺纹刀		700	1400

（4）测量量具　采用靠模板、游标卡尺等，精度要求较高的外圆可以用千分尺测量。

2. 参考程序

（1）确定工件坐标系和对刀点　如图 2-41 在 *XOZ* 平面内确定以工件右端面轴心线上点为工件原点，建立工件坐标系。采用手动试切对刀方法对刀。

（2）编程

左端：

%2003

T0101　　　　　　　　　　　换 1 号刀

M03 S500　　　　　　　　　启动主轴

G00 X54 Z2　　　　　　　　刀具加工定位

G71 U1.5 R1 P90 Q100 X0.5 Z0.05 F120

G00 X100 Z150

T0202

G00 X54 Z2

N90 G00 X0 F50 S1500

G01 Z0 F80

G01 X44 R5

G01 Z—31

N100 X54

G00 X100 Z150   回刀具换刀参考点

M05   主轴停止

M30   程序结束

右端：

％2004

T0101

M03 S500

G00 X54 Z2   刀具加工定位

G71 U1.5 R1 P90 Q100 X0.5 Z0.05 F120

G00 X100 Z150

T0202

G00 X54 Z2

N90 G00 X22

S1500

G01 X30 Z—2 F80

Z—15

X32

X35.8 Z—17

Z—34

X38

X44 Z—45

N100 X54

G00 X100 Z150

T0303

S700

G00 X44 Z—34

G01 X32 F60

G04 P2

G01 X44 F500

G00 X100 Z150

T0404

S700

G00 X44 Z—10

G82 X29.1 Z—35 F2
X28.5 Z—35
X27.9 Z—35
X27.5 Z—35
X27.3 Z—35
X27.2 Z—35
G00 X100 Z150
M05
M30

（3）指导轮廓程序的编制及工艺的制定　建议以手动方式进行程序编制，重点掌握 G02、G03、G71 指令在数控车床上的应用。注意 G02、G03 的方向。

练习题目二：G71 的运用（图 2-42）

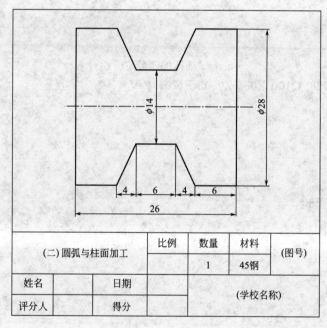

(二)圆弧与柱面加工	比例	数量	材料	（图号）
		1	45钢	
姓名		日期		（学校名称）
评分人		得分		

图 2-42　练习题图

1. 工艺分析（略）

2. 参考程序（略）

【友情提示】

由于该零件的槽比较深，同时锥度大，必须使用槽刀先把中间的槽切出来，然后再用槽刀用两次 G71 分别加工左右两边的锥度部分。只是在加工右边锥度时 Z 方向的精车余量要为负值；用槽刀的右端点加工，但坐标值是控制左端点。

2.5.4　注意事项

（1）加工中若有圆弧，要根据零件圆弧加工情况，正确选择 G02、G03 指令；I、K 的值必须计算准确；还要注意防止刀具干涉；

（2）切削用量选择不合理，刀具刃磨不当，会致使铁屑不断屑，所以要选择合理切削用量及刀具；

（3）要按照操作步骤逐一进行相关训练，实习中对未涉及的问题及不明白之处要询问指导教师，切忌盲目加工；

（4）尺寸及表面粗糙度达不到要求时，要找出其中原因，知道正确的操作方法及注意事项；

（5）指导教师要操作演示，示范精度检验；

（6）指导教师要巡回指导。

2.5.5 考核样题与教学评价

1. 参考样题

如图 2-43 所示，毛坯为 $\phi50$ 的棒料，未注明倒角为 C2，试根据图纸要求完成其加工。

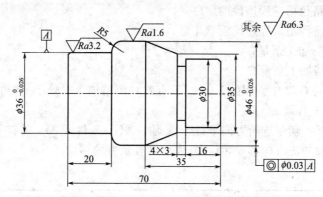

图 2-43 内、外径粗车复合循环考核样题

2. 教学评价

与表 2-6～表 2-8 相同。

2.5.6 思考与作业题

（1）总结归纳利用 G71 加工中所出现的问题和解决办法。

（2）分析加工圆弧与球面刀具的选择、刀补设置及进一步提高加工精度的设想。

（3）布置下次课需预习内容和相关知识。

（4）完成任务单。

任务 2.6　端面与闭环粗车复合循环及刀尖圆弧半径补偿

2.6.1 实训目的

（1）掌握端面与闭环粗车复合循环的编程；

（2）能对利用的工件进行工艺分析并制定工艺卡；

（3）具备 G72、G73 进行加工的基本能力；

（4）掌握刀尖圆弧半径补偿方法。

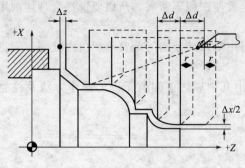

图 2-44　端面粗车复合循环 G72

2.6.2　实训指导

1. 端面粗车复合循环

格式：G72 W(Δd)R(r)P(ns)Q(nf)X(Δx) Z(Δz)F(f) S(s)T(t);

说明：（见图 2-44）

该循环与 G71 的区别仅在于切削方向平行于 X 轴。该指令执行如图 2-44 所示的粗加工和精加工。

其中：

Δd——切削深度（每次切削量），指定时不加符号；

r——每次退刀量；

ns——精加工路径第一程序段的顺序号；

nf——精加工路径最后程序段的顺序号；

Δx——X 方向精加工余量；

Δz——Z 方向精加工余量；

f、s、t——粗加工时 G72 中编程的 F、S、T 有效，而精加工时处于 ns 到 nf 程序段之间的 F、S、T 有效。

G72 切削循环下，切削进给方向平行于 X 轴，X(Δx) 和 Z(Δz) 的符号如图 2-45 所示，其中（＋）表示沿轴的正方向移动，（－）表示沿轴负方向移动。

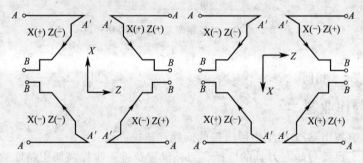

图 2-45　G72 复合循环下 X(Δx) 和 Z(Δz) 的符号

【友情提示】

（1）G72 指令必须带有 P、Q 地址，否则不能进行该循环加工。

（2）在 ns 的程序段中应包含 G00/G01 指令，进行由 A 到 A′ 的动作，且该程序段中不应编有 X 向移动指令。

（3）在顺序号为 ns 到顺序号为 nf 的程序段中，可以有 G02/G03 指令，但不应包含子程序。

例：编制图 2-46 所示零件的加工程序。要求循环起始点在 A(80,1)，切削深度为 1.2mm。退刀量为 1mm，X 方向精加工余量为 0.2mm，Z 方向精加工余量为 0.5mm，其中点画线部分为工件毛坯。

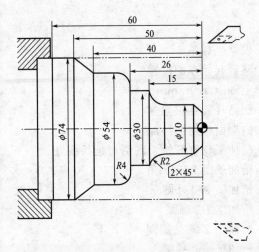

图 2-46 G72 外径粗切复合循环编程实例

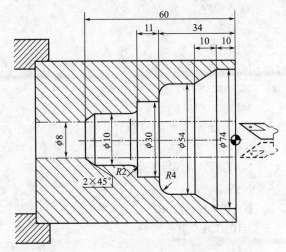

图 2-47 G72 内径粗切复合循环编程实例

参考程序：

%3328

N1 T0101

N2 G00 X100 Z80

N3 M03 S500

N4 X80 Z1

N5 G72 W1.2 R1 P8 Q17 X0.2 Z0.5 F120

N6 G00 X100 Z80

N7 X80 Z1 S1500

N8 G00 Z−53

N9 G01 X54 Z−40 F80

N10 Z−30

N11 G02 U−8 W4 R4

N12 G01 X30

N13 Z−15

N14 U−16

N15 G03 U−4 W2 R2

N16 G01 Z−2

N17 U−6 W3

N18 G00 X50

N19 X100 Z150

N20 M05

N21 M30

例：编制图 2-47 所示零件的加工程序。要求循环起始点在 A (6，3)，切削深度为 1.2mm。退刀量为 1mm，X 方向精加工余量为 0.2mm，Z 方向精加工余量为 0.5mm，其中点画线部分为工件毛坯。

参考程序：

%3329

N1 T0101	设立坐标系
N2 G00 X100 Z80	移到起始点的位置
N3 M03S500	主轴以 500r/min 正转
N4 G00 X6 Z3	到循环起点位置
N5 G72 W1.2 R1 P6Q16 X−0.2 Z0.5 F100	内端面粗切循环加工
N6 G00 Z−61	精加工轮廓开始，到倒角延长线处
N7 G01 U6 W3 F80	精加工倒 2×45°角
N8 W10	精加工 ϕ10 外圆
N9 G03 U4 W2 R2	精加工 R2 圆弧
N10 G01 X30	精加工 Z45 处端面
N11 Z−34	精加工 ϕ30 外圆
N12 X46	精加工 Z34 处端面
N13 G02 U8 W4 R4	精加工 R4 圆弧
N14 G01 Z−20	精加工 ϕ54 外圆
N15 U20 W10	精加工锥面
N16 Z3	精加工 ϕ74 外圆，精加工轮廓结束
N17 G00 X100 Z150	返回对刀点位置
N18 M05	主轴停
N19 M30	主程序结束并复位

2. 闭环车削复合循环 G73

格式：G73 U(ΔI)W(ΔK)R(r)P(ns)Q(nf)X(Δx)Z(Δz)F(f)S(s)T(t)

说明：见图 2-48。

该功能在切削工件时刀具轨迹为如图 2-48 所示的封闭回路，刀具逐渐进给，使封闭切削回路逐渐向零件最终形状靠近，最终切削成工件的形状。

这种指令能对铸造、锻造等粗加工中已初步成形的工件，进行高效率切削。

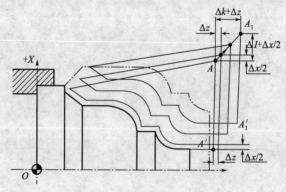

图 2-48 闭环车削复合循环 G73

其中：

ΔI——X 轴方向的粗加工总余量；

　　Δk——Z 轴方向的粗加工总余量；

　　r——粗切削次数；

　ns——精加工路径第一程序段的顺序号；

　nf——精加工路径最后程序段的顺序号；

　Δx——X 方向精加工余量；

　Δz——Z 方向精加工余量；

f，s，t——粗加工时 G73 中编程的 F、S、T 有效，而精加工时处于 ns 到 nf 程序段之间的
　　　　　F、S、T 有效。

【友情提示】

　　(1) ΔI 和 ΔK 表示粗加工时总的切削量，粗加工次数为 r，则每次 X、Z 方向的切削量为 ΔI/r、ΔK/r；

　　(2) 按 G73 段中的 P 和 Q 指令值实现循环加工，要注意 Δx 和 Δz，ΔI 和 ΔK 的正负号。

　　例：编制图 2-49 所示零件的加工程序。设切削起始点在 A（60，5）；X、Z 方向粗加工余量分别为 3mm、0.9mm；粗加工次数为 3；X、Z 方向精加工余量分别为 0.6mm、0.1mm。其中点画线部分为工件毛坯。

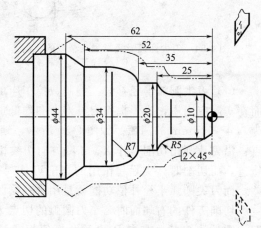

图 2-49　G73 编程实例

　　参考程序：

％3330

N1 T0101

N2 G00 X80 Z80

N3 M03 S500

N4 G00 X60 Z5

N5 G73 U3 W0.9 R3 P6 Q14 X0.6 Z0.1 F120

N6 G00 X0 Z3 S1500

N7 G01 U10 Z−2 F80

N8 Z−20

N9 G02 U10 W−5 R5

N10 G01 Z−35

N11 G03 U14 W−7 R7

N12 G01 Z−52

N13 U10 W−10

N14 U10

N15 G00 X100 Z150

N16 M05

N17 M30

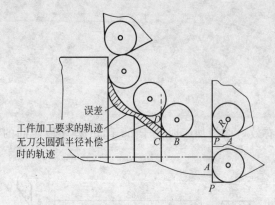

误差

工件加工要求的轨迹

无刀尖圆弧半径补偿时的轨迹

图 2-50　刀尖圆弧半径对加工精度的影响

3. 刀尖圆弧半径补偿

刀具补偿功能是数控机床的主要功能之一，数控车床中的刀具补偿包括刀具位置补偿和刀尖圆弧半径补偿，刀具位置补偿前面已叙述。

刀具功能又称为 T 功能，它是进行刀具选择和刀具补偿的功能。格式：T××××；××前两位数字为刀具号；××后两位数字为刀具补偿号，其中 00 表示取消某号刀的刀具补偿。如 T0101 表示 01 号刀调用 01 补偿号设定的补偿值，其补偿值存储在刀具补偿存储器内。

(1) 刀尖圆弧半径补偿　编制数控车床加工程序时，通常将车刀刀尖看作是一个点。然而在实际应用中，为了提高刀具寿命和降低加工表面的粗糙度，一般将车刀刀尖磨成半径约为 0.4～1.6mm 的圆弧。如图 2-50 所示，编程时以理论刀尖点 P（又称刀位点或假想刀尖点：沿刀片圆角切削刃作 X、Z 两方向切线相交于 P 点）来编程，数控系统控制 P 点的运动轨迹，而切削时，实际起作用的切削刃是圆弧的各切点，这势必会产生加工表面的形状误差。而刀尖圆弧半径补偿功能就是用来补偿此误差。

切削工件的右端面时，车刀圆弧的切点 A 与理论刀尖点 P 的 Z 坐标值相同；车外圆时车刀圆弧的切点 B 与点 P 的 X 坐标值相同。切削出的工件没有形状误差和尺寸误差，因此可以不考虑刀尖圆弧半径补偿。如果车削外圆柱面后继续车削圆锥面，则必存在加工误差 BCD（误差值为刀尖圆弧半径），这一加工误差必须靠刀尖圆弧半径补偿的方法来修正。

车削圆锥面和圆弧面部分时，仍然以理论刀尖点 P 来编程，刀具运动过程中与工件接触的各切点轨迹为图 2-50 中所示无刀尖圆弧半径补偿时的轨迹。该轨迹与工件加工要求的轨迹之间存在着图中斜线部分的误差，直接影响到工件的加工精度，而且刀尖圆弧半径越大，加工误差越大。可见，对刀尖圆弧半径进行补偿是十分必要的。当采用刀尖圆弧半径补偿时，车削出的工件轮廓就是图 2-50 中所示工件加工要求的轨迹。

(2) 实现刀尖圆弧半径补偿功能的准备工作　在加工工件之前，要把刀尖圆弧半径补偿的有关数据输入到存储器中，以便使数控系统对刀尖的圆弧半径所引起的误差进行自动补偿。

① 刀尖半径。工件的形状与刀尖半径的大小有直接关系，必须将刀尖圆弧半径 R 输入到存储器中，如图 2-51 所示。

② 车刀的形状和位置参数。车刀的形状有很多，它能决定刀尖圆弧所处的位置，因此也要把代表车刀形状和位置的参数输入到存储器中。将车刀的形状和位置参数称为刀尖方位 T。车刀的形状和位置如图 2-52 所示，分别用参数 0～9 表示，P 点为理论刀尖点。如图 2-52 左下角刀尖方位 T 应为 3。

③ 参数的输入。与每个刀具补偿号相对应有一组 X 和 Z 的刀具位置补偿值、刀尖圆弧半径 R 以及刀尖方位 T 值，输入刀尖圆弧半径补偿值时，就是要将参数 R 和 T 输入到存储器中。例如某程序中编入下面的程序段：

N100 G00 G42 X100.0 Z3.0 T0101;

刀尖圆弧半径
刀具补偿号 刀具位置 补偿值 ┃ 刀尖方位

图 2-51　CRT 显示屏幕显示刀具补偿参数

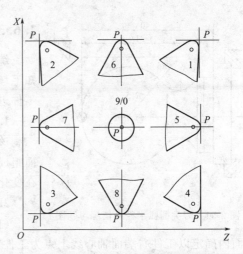

图 2-52　车刀形状和位置

若此时输入刀具补偿号为 01 的参数，CRT 屏幕上显示图 2-51 的内容。在自动加工工件的过程中，数控系统将按照 01 刀具补偿栏内的 X、Z、R、T 的数值，自动修正刀具的位置误差和自动进行刀尖圆弧半径的补偿。

（3）刀尖圆弧半径补偿的方向　在进行刀尖圆弧半径补偿时，刀具和工件的相对位置不同，刀尖圆弧半径补偿的指令也不同。图 2-53 表示了刀尖圆弧半径补偿的两种不同方向。

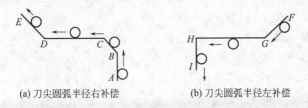

(a) 刀尖圆弧半径右补偿　　　　　　　　(b) 刀尖圆弧半径左补偿

图 2-53　刀尖圆弧半径补偿方向

如果刀尖沿 $ABCDE$ 运动 ［图 2-53(a)］，顺着刀尖运动方向看，刀具在工件的右侧，即为刀尖圆弧半径右补偿，用 G42 指令。如果刀尖沿 $FGHI$ 运动 ［图 2-53(b)］，顺着刀尖运动方向看，刀具在工件的左侧，即为刀尖圆弧半径左补偿，用 G41 指令。如果取消刀尖圆弧半径补偿，可用 G40 指令编程，则车刀按理论刀尖点轨迹运动。

（4）刀尖圆弧半径补偿的建立或取消指令格式及说明

格式：G41/G42/G40 G00 /G01 X(U)＿ Z(W)＿ T＿ F＿ ；

说明：

① 刀尖圆弧半径补偿的建立或取消必须在位移移动指令（G00、G01）中进行。G41、G42、G40 均为模态指令。

② 刀尖圆弧半径补偿和刀具位置补偿一样，其实现过程分为三大步骤，即刀具补偿的建立、刀具补偿的执行和刀具补偿的取消。

③ 如果指令刀具在刀尖半径大于圆弧半径的圆弧内侧移动，程序将出错。

④ 由于系统内部只有两个程序段的缓冲存储器，因此在刀具补偿的执行过程中，不允许在程序里连续编制两个以上没有移动的指令，以及单独编写的 M、S、T 程序段等。

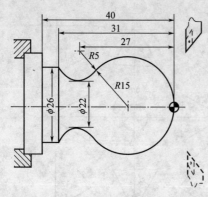

图 2-54 刀尖圆弧半径补偿练习题图

2.6.3 操作练习

练习题目：刀尖圆弧半径补偿实例（图 2-54）。已知毛坯为 $\phi40$mm 的棒料，已完成零件的粗加工，试对零件进行精加工。

1. 工艺分析

该零件主要由两个圆弧面进行相接和一个外圆柱面组成，图形简单，加工过程中由于切削半径不停地在变化，为保证精度只要引进刀尖半径补偿即可。

2. 参考程序

（1）确定工件坐标系和对刀点　如图 2-54 在 XOZ 平面内确定以工件右端面轴心线上点为工件原点，建立工件坐标系。采用手动试切对刀方法对刀。因有凹弧，使用成形刀具进行加工。

（2）编程

```
%2004
N20 T0101
N30 M03 S1500
N40 G00 X40 Z5
N50 G00 X0
N60 G42 G01 X42 Z0 F90
N70 G03 U24 W−24 R15
N80 G02 X26 Z−31 R5
N90 G01 Z−40
N100 X41
N110 G40 G00 X45 Z10
N120 M05
N130 M30
```

2.6.4 注意事项

（1）使用刀具补偿时，要根据系统的要求正确使用，否则出现报警；

（2）更换刀具后，刀具位置和半径补偿均可能变化，故要注意及时修改；

（3）注意 G72、G73 中 ΔX、ΔZ、ΔI、ΔK 的正负号。

2.6.5 思考与作业题

（1）总结归纳利用 G72、G73 加工中所出现的问题和解决办法。

（2）加工图 2-55 中零件时，试确定 $A{\to}B{\to}C$、$B{\to}C{\to}D$、$C{\to}D{\to}E$ 采用何种补偿方式。

（3）为什么加工圆锥时要考虑到刀具的半径补偿？加工外圆台阶时是否也要考虑刀具的半径补偿？为什么？

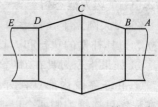

图 2-55 锥面轴

（4）布置下次课需预习内容和相关知识。

（5）完成任务单。

任务 2.7 轴类零件加工综合练习

2.7.1 实训目的

（1）掌握轴类零件加工常用基本指令的应用；

（2）掌握车削外圆、锥面、圆弧与槽刀的选择和切削用量参数的选择；

（3）掌握数控车削加工工艺，掌握粗、精加工刀具路径的规划方法；

（4）掌握常用外圆、锥面、圆弧与槽的车削加工方法及测量方法。

2.7.2 实训指导

1. 刀具安装要求

（1）车刀装夹时，刀尖除要对中心高外，槽刀和螺纹刀刀头必须垂直于主轴轴线；

（2）安装内孔车刀时，除了尽量要使刀具悬伸长度短以外，垫片还要尽可能用宽的、厚的，刀具还要尽可能靠紧刀架，以保证刚性最好。

2. 编程要求

（1）熟练掌握 G00 快速定位指令的格式、走刀线路及运用。

G00 X _ Z _ ；

（2）熟练掌握 G01 定位指令的格式、走刀线路及运用。

G01X _ Z _ F _ ；

（3）辅助指令 S、M、T 指令功能及运用。

（4）其他各项指令的综合运用及走刀路线。

2.7.3 操作练习

练习题目一：外圆、锥面、圆弧、螺纹与槽（图 2-56），毛坯为 $\phi50\times80$ 棒料，未注倒角为 C2，根据图纸，完成加工。

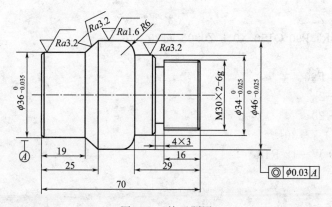

图 2-56 练习题图

1. 工艺分析

（1）零件几何特点　该零件由外圆柱面、圆锥面、槽、螺纹和外圆弧面组成，其几何形状为圆柱形的轴类零件，零件需要掉头车削，最小尺寸公差为－0.025mm，表面粗糙度最小为 3.2μm，同轴度要求为 φ0.025，需要用成形车刀，采用粗、精加工。

（2）加工方案　根据零件图样要求其加工方案为：

① 平右端面，建立工件坐标系，并输入刀补值；

② 粗、精车右端，采用 G71 指令，直径方向留 0.5mm 精车余量，切削长度 43mm；

③ 平左端面保证总长，掉头，打表保证同轴度；

④ 粗、精车左端圆柱面，退刀槽与螺纹。

2. 加工中刀具及切削参数选择（表 2-13）

表 2-13　刀具及切削参数

序号	工步内容	刀具号	刀具规格		主轴转速 n/(r/min)	进给速度 V/(mm/min)
			类型	材料		
1	端面	T01	90°外圆车刀		500	60
2	外圆柱面与弧面粗车	T02	45°外圆车刀		500	120
3	外圆柱面与弧面精车	T02	45°外圆车刀	硬质合金	1500	90
4	外径槽	T03	切断刀（刀宽 4mm）		700	60
5	螺纹	T04	切断刀（刀宽 4mm）		700	1400

3. 参考程序

（1）确定工件坐标系和对刀点　如图 2-56 在 XOZ 平面内确定以工件右端面轴心线上点为工件原点，建立工件坐标系，采用手动试切对刀方法对刀，T01 刀具为对刀基准刀具。

（2）编程

右端：

‰0007

N20 T0101

N30 M03 S500

N40 G00 X54 Z2

N50 G81 X－2 Z0 F60

N55 G00 X100 Z150

N56 T0202

N60 G00 X54 Z2

N70 G71 U2 R1 P90 Q150 X0.5 Z0.05 F120

N80 S1500

N90 G01 X30 F90

N100 X38 Z－2

N110 G01 Z－20

N120 G01 X41 Z－30

N130 G03 U0 W－12 R16

N140 G01 Z－43

N150 X54

N160 G00 X100 Z150

N170 M05

N175 M30

左端：

T0202

M03 S500

G000 X54 Z2

G71 U2 R1 P10 Q20 X0.5 Z0.05 F120

S1500

G00 X22

N10 G01 X22 F90

X30 Z−2

Z−10

X32

X35.8 Z−12

Z−30

N20 X54

G00 X100 Z150

T0303

G00 X40 Z−30

S700

G01 X30 F60

G04 P2

G01 X40 F500

G00 X100

Z150

T0404

G00 X40 Z−5

G82 X35.1 Z−27 F2

X34.5 Z−27

X33.9 Z−27

X33.5 Z−27

X33.3 Z−27

X33.2 Z−27

G00 X100 Z150

M05

M30

练习题目二：外圆、锥面、螺纹与槽（图 2-57），未注倒角为 C2。

1. 工艺分析（略）

2. 参考程序（略）

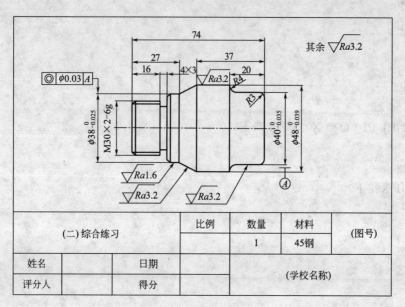

(二) 综合练习		比例	数量	材料	(图号)
			1	45钢	
姓名		日期			(学校名称)
评分人		得分			

图 2-57 练习题图

2.7.4 注意事项

（1）换刀时不要与工件产生撞击；

（2）切槽时注意进给速度不要太快；

（3）切槽到达底部时，若槽的表面质量有要求，一定要在槽底暂停几秒；

（4）精车与粗车的加工进给速度与转速的改变。

2.7.5 考核样题与教学评价

1. 参考样题

如图 2-58 所示，毛坯为 $\phi50$ 的棒料，未注明倒角为 C2，试根据图纸要求完成其加工。

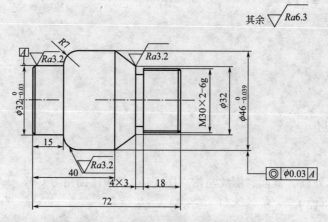

图 2-58 轴类零件综合加工考核样题

2. 教学评价

与表 2-6～表 2-8 相同。

2.7.6 思考与作业题

试编写图 2-59 零件的加工程序，未注倒角为 C2。

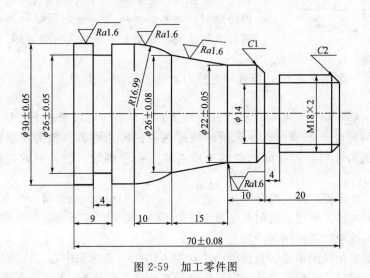

图 2-59 加工零件图

任务 2.8 钻孔、扩孔、铰孔及台阶孔、直通孔的加工

2.8.1 实训目的

（1）了解钻孔、扩孔、铰孔常用刀具并正确使用；

（2）能正确选择钻孔、扩孔、铰孔的切削用量；

（3）能根据图样正确进行钻孔、扩孔、铰孔的加工；

（4）了解车台阶孔、直通孔常用的刀具，并正确使用；

（5）能在保证车台阶孔、直通孔的尺寸精度的前提下进行台阶孔、直通孔的加工。

2.8.2 实训指导

1. 钻孔、扩孔、铰孔

（1）常用刀具　在数控车床上加工套类零件时所用的刀具有麻花钻、扩孔钻和铰刀，这些刀具的形状同普通车床上使用的刀具相似。一般情况下麻花钻用于粗加工，扩孔钻用于粗加工或半精加工，铰刀一般用于精加工。

（2）麻花钻的选用　对于精度要求不高的内孔，可以选用钻头直接钻出，不再加工；对于精度要求高的内孔，则还需要车削、铰削等加工才能完成（在选用钻头时，应根据下一道工序的要求，留出加工余量）。

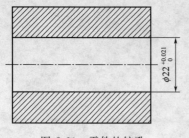

图 2-60 零件的铰孔

选择麻花钻时，一般应使钻头螺旋部分略长于孔深。钻头过长则刚性差，钻头过短则排屑困难。同时，在数控车床钻孔时，要注意钻头过长易在加工过程中发生与机床相碰撞的现象。

（3）铰刀选用 铰孔的精度与铰刀质量有密切相关，因此在选择铰刀时，其尺寸公差应符合图样的要求，刀刃要锋利，无蹦刃、敲毛、碰伤等缺陷，以保证加工孔的表面粗糙度，在数控车床上铰孔时最好使用浮动式铰刀，铰刀的公差一般选用孔公差的 1/3。

图 2-60 中的零件在铰孔时，应选择的铰刀直径 φ22mm，上偏差为 +0.014mm，下偏差为 +0.007mm。

（4）切削用量选择 钻孔时的切削深度即为钻头半径。一般情况下，钻孔时进给量应选择小些，切削速度也不能过高，否则易烧坏钻头；扩孔时不能因为切削深度减小而增大进给量，否则易扎刀；铰孔时的切削深度由铰孔余量确定，铰孔时的进给量可以适当增大一些。

铰孔前，要合理控制铰孔的余量，一般为 0.08～0.15mm。余量留得太多会使切屑塞在铰刀刀齿中，影响加工精度；铰削余量过少，则不能去除粗加工痕迹。钻孔和扩孔加工时必须使用冷却液，铰削时应使用润滑油。

（5）加工工艺路线的确定 直径较小的孔加工路线一般为钻中心孔、钻孔（扩孔）、铰孔。这样粗车、半精车、精车之后，容易达到较高精度。而对于直径较大的孔，在精加工时采用车削的方法。

2. 台阶孔、直通孔的加工

（1）常用的车刀 车削台阶孔、直通孔时采用的内孔车刀，也称为内孔镗刀，其刀具的形状和普通车床使用的刀具相似，见图 2-61。只不过加工不通的台阶孔车刀的主偏角要大于 90°，但加工直通孔没有这一要求。

① 选择内孔镗刀时要注意刀杆长度不能太长，否则刀具刚性太差，易产生让刀、振动现象。刀杆一般只被加工孔深长 5～10mm。

② 刀杆直径根据孔径尽量大些，以增加刚性，但必须小于加工的孔径，否则刀杆不能进入孔内。

③ 内孔镗刀的刀杆及刀具后刀面呈圆弧形状，要求刀杆圆弧半径略小于孔的半径，以避免刀杆碰伤工件内表面。

（2）切削用量选择 车台阶孔、直通孔的切削用量选择与车削外圆相似，粗车、精车分开，但由于内孔镗刀的刀杆直径受孔径的限制，刚性较差，故其切削深度及进给量应略小于外圆加工。

（3）加工工艺路线的确定 车台阶孔、直通孔时的进给路线与车削外圆相似，仅是 X 方向的进给方向相反。另外在退刀时，径向的移动量不能太大，以免刀杆与内孔相碰。

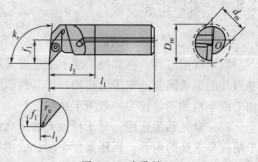

图 2-61 内孔镗刀

2.8.3 操作练习

如图 2-62 所示，毛坯尺寸为 $\phi 42 \times 62$，粗糙度全部为 $Ra3.2\mu m$，试根据图纸完成其加工。

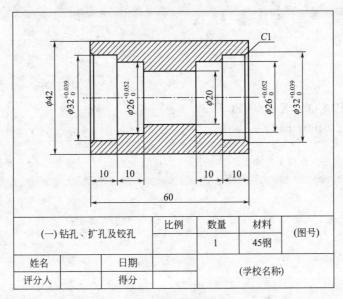

(一) 钻孔、扩孔及铰孔	比例	数量	材料	(图号)
		1	45钢	
姓名		日期		(学校名称)
评分人		得分		

图 2-62　练习题图

1. 工艺分析

零件由 $\phi 42mm$ 外圆柱面，$\phi 26_{0}^{+0.052}mm$、$\phi 32_{0}^{+0.039}$ mm 内孔组成，其中 $\phi 26_{0}^{+0.052}mm$、$\phi 32_{0}^{+0.039}$ mm 内孔是重要表面，$\phi 42mm$ 外圆柱面不加工。材料为 45 钢，毛坯尺寸为 $\phi 42mm \times 62mm$；材料易于加工，不需要铰孔，只要选择合理的切削参数及刀具可以获得表面粗糙度 $Ra 3.2\mu m$。

2. 加工方案

毛坯为 $\phi 45$ 的棒料，材料为 45 钢，外形已加工，根据零件图样要求其加工方案为：

(1) 装夹工件，外露 30mm；

(2) 钻孔 $\phi 20mm$，深 62mm；

(3) 平端面，建立工件坐标系，并输入刀补值；

(4) 车 $\phi 32mm$、$\phi 26_{0}^{+0.052}mm$ 内孔至尺寸，倒角 $C1$ 一处；

(5) 调头装夹外圆柱面，外露 30mm；

(6) 车端面，保证总长 60mm；

(7) 车 $\phi 32mm$、$\phi 26_{0}^{+0.052}mm$ 内孔至尺寸，倒角 $C1$ 一处，工件完成。

3. 加工中刀具及切削参数选择 (表 2-14)

表 2-14　刀具及切削参数

序号	工步内容	刀具号	刀具规格		主轴转速 $n/(r/min)$	进给速度 $V/(mm/min)$
			类型	材料		
1	钻孔		$\phi 20mm$ 锥柄麻花钻	高速钢	250	
2	车端面	T0101	93°外圆车刀		500	100
3	粗车内孔	T0202	90°内孔车刀	硬质合金	500	120
4	精车内孔	T0202	90°内孔车刀		1000	100

4. 测量量具

精度要求较高的内孔可以用内径千分尺测量。

5. 参考程序

右端：

%1234

T0202

M03 S500

G00 X18 Z2

G71 U1 R1 P10 Q20 X−0.4 Z0 F120

N10 G00 X32 S1000 F100

G01 Z0

X30 Z−1

Z−10

X26

Z−20

N20 X18

G00 Z150

X100

M05

M30

左端：

%1235

T0202

M03 S500

G00 X18 Z2

G71 U1 R1 P10 Q20 X−0.4 Z0 F120

N10 G00 X34 S1000 F100

G01 Z0

X32 Z−1

Z−10

X26

Z−20

N20 X18

G00 Z150

X100

M05

M30

2.8.4 注意事项

1. 钻孔、扩孔及铰孔注意事项

（1）钻孔前要先把工件平面车平，中心处不能留出凸头，以利于钻头正确定心；

（2）用麻花钻钻孔时，一般要先用中心钻加工出中心孔来定心，再用钻头钻孔，这样加工的工件同轴度较好；

（3）钻削时必须要使用冷却液，并浇注在切削区域内；

（4）对于精度较高的孔，钻削后一定要留有合理的余量用以铰削；

（5）要注意铰刀的保养，避免碰伤；

（6）铰削时，因为铰刀的切削部分较长，故可以适当增加进给量；

（7）铰削钢件时要防止出现刀瘤，否则容易将内孔拉毛；

（8）铰孔时要注意铰刀的中心线必须与工件中心线同轴，否则易产生锥形或将孔铰大；

（9）指导教师要操作演示机床加工内孔；

（10）指导教师要巡回指导。

2. 台阶孔、直通孔加工注意事项

（1）车台阶孔、直通孔时，台阶孔、直通孔车刀的尺寸必须根据加工工件的尺寸和材料认真选择；

（2）精车台阶孔、直通孔时应保持车刀锋利防止产生锥形；

（3）车台阶孔、直通孔时应注意排屑问题，否则会由于切屑阻塞造成刀具扎刀而将台阶孔、直通孔车废；

（4）精车台阶孔、直通孔时如果采用 G01 指令车削，孔口倒角可在精车时一次车出。

2.8.5 思考与作业题

（1）试说出普通车床与数控车床钻孔、扩孔和铰孔加工的不同之处。

（2）车台阶孔、直通孔时表面粗糙度差的原因是什么？如何解决？

（3）布置下次课需预习内容和相关知识。

（4）完成任务单。

任务 2.9 内成形面与内沟槽的加工

2.9.1 实训目的

（1）了解内沟槽加工常用的刀具的特点，并正确选用；

（2）掌握内成形面、内沟槽加工的工艺路线；

（3）能根据图样正确编制程序并加工零件。

2.9.2 实训指导

1. 刀具选择

车内成形面刀具与车内台阶孔刀具相同，见图 2-61，但车内沟槽时，要使用内沟槽车刀。

内沟槽车刀的刀杆与内孔车刀一样，其切削部分又类似于外圆切槽刀，只是刀具的后刀面呈圆弧状，目的是为了避免与孔壁相碰。

内沟槽的主切削刃宽度不能太宽，否则易产生振动（内孔车刀本身刚性较差）；刀头长度应略大于槽的深度，并且主切

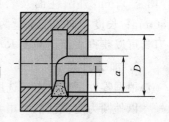

图 2-63 内沟槽刀具

削刃到刀杆侧面距离 a 应小于工件孔径 D，如图 2-63 所示。

2. 加工工艺的确定

内沟槽的加工方法与外圆槽加工相似，由于内沟槽刀的刚性较差，操作者不能直接观察到切削过程，故切削用量要比车外圆槽小些。

3. 知识链接

(1) 换刀点　车内沟槽时，换刀点设置的要求与车削台阶孔相似。刀具在换刀过程中不能与工件外圆表面相碰，且刀具在加工完后退回换刀点时，不能与工件内表面相碰。

(2) 常用指令　内沟槽加工指令与外圆槽的加工指令相同。只是 X 向的进给方向相反。一般情况下，较窄的槽加工时可以用直线插补指令，用直进法车削而成（刀宽＝槽宽）；较宽的槽加工时则可分次车削加工。

① 熟练掌握 G00 快速定位指令的格式、走刀线路及运用；G00 X _ Z _ ；

② 熟练掌握 G01 定位指令的格式、走刀线路及运用；G01 X _ Z_ F；

③ 辅助指令 S、M、T 指令功能及运用；

④ 熟练掌握 G71 内（外）径粗精车复合循环指令的格式、走刀线路及运用。

2.9.3　操作练习

如图 2-64 所示，毛坯尺寸为 $\phi52 \times 80$，粗糙度全部为 $Ra3.2\mu m$，未注倒角为 $C2$，试根据图纸完成其加工。

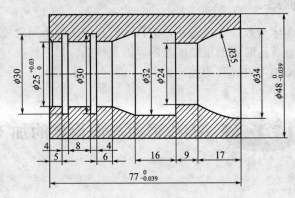

图 2-64　练习题图

1. 工艺分析

零件由 $\phi48_{-0.039}^{0}$ mm 外圆柱面，$\phi25_{0}^{+0.03}$ mm、$\phi32$ mm、$\phi24$ mm 内孔，$R35$ 内圆弧，$\phi30$mm、深度为 2.5mm、宽 4mm 的两个槽组成，其中 $\phi25_{0}^{+0.03}$ mm 内孔是重要表面，$\phi48_{-0.039}^{0}$mm 外圆柱面及长度尺寸属于重要尺寸。材料为 45 钢，毛坯尺寸为 $\phi52$mm× 80mm；长度方向加工余量两头加起来只有 3mm，不需要铰孔，只要选择合理的切削参数及刀具可以获得表面粗糙度 $Ra\ 3.2\mu m$。

2. 加工方案

根据零件图样要求，选用 CAK6136V 机床即可达到要求。

以外圆为定位基准，用卡盘夹紧。其工艺过程如下：

(1) 装夹工件，外露 42mm；

（2）钻孔 $\phi 20$mm，深 82mm；

（3）平端面，建立工件坐标系，并输入刀补值；

（4）车 $\phi 48_{-0.039}^{0}$mm 左端外圆柱面至尺寸，长度 39mm，倒角 C2 一处；

（5）车内孔 $\phi 25_{0}^{+0.03}$mm、$\phi 32$ mm 至尺寸，倒角 C2 一处；

（6）车内槽 $\phi 30$ 深度为 2.5mm，宽 4mm；

（7）调头装夹外圆柱面，外露 42mm；

（8）车端面，保证总长 $\phi 77_{-0.039}^{0}$mm；

（9）车 $\phi 48_{-0.039}^{0}$mm 右端外圆柱面至尺寸，长度 38mm；

（10）车 $\phi 24$mm、$R35$ 内孔圆弧面至尺寸，工件完成。

3. 加工中刀具及切削参数选择（表 2-15）

表 2-15 刀具及切削参数

序号	工步内容	刀具号	刀具规格		主轴转速 $n/(\text{r/min})$	进给速度 $V/(\text{mm/min})$
			类型	材料		
1	钻孔		$\phi 20$mm 锥柄麻花钻	高速钢	250	
2	车端面	T0101	93°外圆车刀		500	100
3	粗车外圆	T0101	93°外圆车刀		500	120
4	精车外圆	T0101	93°外圆车刀	硬质合金	1500	100
5	粗车内孔	T0202	90°内孔车刀		500	120
6	精车内孔	T0202	90°内孔车刀		1000	100
7	车内槽	T0303	内孔车刀		700	50

4. 测量量具

精度要求较高的内孔可以用内径千分尺测量。

5. 参考程序

左端：

```
%3004；
T0101
M03 S500
G00 X54 Z2
G82 X51 Z－39 F120
X48.6 Z－39
S1500
G82 X48 Z－39 F100
G00 X100 X150
T0202
S500
G00 X18 Z2
G71 U1 R1 P10 Q20 X－0.4 Z0 F120
N10 G00 X29
```

S1000

G01 Z0 F100

X25 Z−2

Z−27

X32 Z−35

N20 X18

G00 Z150

X100

T0303

G00 X20

S700

G00 Z−9

G01 X−30 F50

G04 P2

G01 X20 F300

Z−21

G01 X30 F50

X20 F300

G00 Z150

X100

M05

M30

右端：

%3005；

T0101

M03 S500

G00 X54 Z2

G82 X51 Z−39 F120

X48.6 Z−39

S1500

G82 X48 Z−39 F100

G00 X100 X150

T0202

S500

G00 X18 Z2

G71 U1 R1 P10 Q20 X−0.4 Z0 F120

N10 G00 X34 S100

G01 Z0 F100

G03 X24 Z−17 R35

G01 Z−27

N20 X18
G00 Z150
X100
M05
M30

2.9.4　注意事项

（1）车削内沟槽时要严格计算"Z"向尺寸，避免刀具进给深度超过孔深而使刀具损坏；

（2）内沟槽刀具切削刃宽度不能过宽，否则会产生振动；

（3）切削用量选择不合理，刀具刃磨不当，致使铁屑不断屑，要选择合理切削用量及刀具；

（4）程序在输入后要养成用图形模拟的习惯，以保证加工的安全性；

（5）尺寸及表面粗糙度达不到要求时，要找出其中原因，知道正确的操作方法及注意事项。

【友情提示】

车孔时的质量达不到要求的原因。

（1）尺寸精度达不到要求的原因

① 孔径大于要求尺寸：原因有刀尖不锋利；对刀不准确等。

② 孔径小于要求尺寸：原因有刀杆细而造成"让刀"现象；塞规磨损；对刀不准确等。

（2）几何精度达不到要求原因

① 内孔有锥度：原因有主轴中心线与导轨不平行；切削量过大或刀杆太细而造成"让刀"现象等。

② 表面粗糙度达不到要求：原因有切削刃不锋利；刀具角度不正确；切削用量选择不当；切削液不充分等。

2.9.5　思考与作业题

（1）归纳内成形面、内沟槽加工中出现的问题和解决办法。

（2）布置下次课需预习内容和相关知识。

（3）数控车床上保证套类零件同轴度和垂直度的方法有哪些？

（4）完成任务单。

任务 2.10　内成形面与内螺纹的加工

2.10.1　实训目的

（1）了解内螺纹加工常用刀具的特点，并正确选用；

（2）掌握内成形面与内螺纹加工的工艺路线；

（3）能根据图样正确编制程序并加工零件。

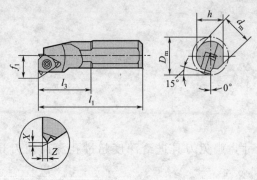

图 2-65　内螺纹车刀

2.10.2　实训指导

1. 刀具选择

车内螺纹的刀具如图 2-65 所示。

2. 加工工艺的确定

内成形面、内螺纹加工时一般采用钻孔、车内成形面，再车螺纹的工艺路线。钻孔时应留有 1~2mm 的余量，以保证内成形面加工的精度。车削内成形面时的方法与车削外成形面相同，由于内孔车刀的刚性比外圆车刀差，故切削用量要适当选得小些。

3. 知识链接

内螺纹加工使用的指令与外螺纹加工相同（用 G00、G82 或 G76 指令），但要注意内螺纹加工时直径方向（X 方向）的进给与外螺纹相反。

2.10.3　操作练习

如图 2-66 所示，试完成其编程与加工，未注倒角为 C1。

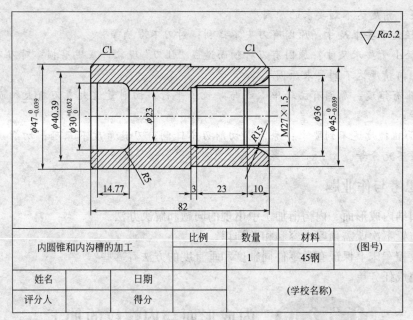

内圆锥和内沟槽的加工	比例	数量	材料	（图号）
		1	45钢	
姓名		日期		（学校名称）
评分人		得分		

图 2-66　练习题图

1. 工艺分析

零件由 $\phi45_{-0.039}^{0}$ mm、$\phi47_{-0.039}^{0}$ mm 外圆柱面，$\phi23$mm、$\phi30_{0}^{+0.052}$ mm、$R15$ mm 内孔，$R5$ 内圆弧面，120°内圆锥面，M27×1.5 内螺纹，倒角 C1 两处组成，其中，$\phi45_{-0.039}^{0}$ mm、$\phi47_{-0.039}^{0}$ mm 外圆柱面，$\phi30_{0}^{+0.052}$ mm 内孔，M27×1.5 内螺纹为重要表面。零件需要两头加工。材料为 45 钢，毛坯尺寸为 $\phi50$mm×85mm。材料易于加工，选择合理的切削参数及刀

具可以获得表面粗糙度 $Ra\ 3.2\mu m$。

2. 加工方案

（1）装夹工件右端，外露 50mm；

（2）钻孔 $\phi 23mm$，深 85mm；

（3）车左端面，见平即可，并对刀；

（4）车 $\phi 47_{-0.039}^{\ 0}mm$ 外圆柱面，倒角 C1 至尺寸；

（5）车 120° 内圆锥面，$\phi 30_{\ 0}^{+0.052}mm$，R5mm 内圆弧面至尺寸；

（6）掉头，装夹 $\phi 47_{-0.039}^{\ 0}mm$ 外圆柱面，外露 45mm；

（7）右车端面，保证总长 82mm；

（8）车 $\phi 45_{-0.039}^{\ 0}mm$ 外圆柱面，倒角 C1 至尺寸；

（9）车 R15mm 内圆弧面及 M27×1.5 内螺纹的圆柱面至尺寸；

（10）车 M27×1.5 内螺纹至尺寸，工件加工完成。

3. 加工中刀具及切削参数选择（表 2-16）

表 2-16　刀具及切削参数

序号	工步内容	刀具号	刀具规格		主轴转速 $n/(r/min)$	进给速度 $V/(mm/min)$
			类型	材料		
1	钻孔		$\phi 20mm$ 锥柄麻花钻	高速钢	250	
2	车端面	T0101	93° 外圆车刀		500	100
3	粗车外圆	T0101	93° 外圆车刀		500	120
4	精车外圆	T0101	93° 外圆车刀	硬质合金	1500	100
5	粗车内孔	T0202	90° 内孔车刀		500	100
6	精车内孔	T0202	90° 内孔车刀		1000	80
7	车内螺纹	T0303	内螺纹车刀		600	900

4. 测量量具

精度要求较高的内孔可以用内径千分尺测量。

5. 参考程序

左端：

%3008

T0101

M03 S500

G00 X54 Z2

G71 U1.5 R1 P10 Q20 X0.4 Z0.05 F120

N10 G00 X41 S1500

G01 X47 Z−1 F100

Z−47

N20 X54

G00 X100 Z150

T0202

G00 X21 Z2

G71 U1 R1 P30 Q40 X−0.3 Z0 F100

N30 G00 X40

G01 Z0 F80

X30 Z−1.443

Z−11.213

G03 X23 Z−16.213 R5

N40 G01 X21

G00 Z150

X100

M05

M30

右端：

%3009

T0101

M03 S500

G00 X54 Z2

G71 U1.5 R1 P50 Q60 X0.4 Z0.05 F120

N50 G00 X39 S1500

G01 X45 Z−1 F100

Z−36

N60 X54

G00 X100 Z150

T0202

G00 X21 Z2

G71 U1 R1 P70 Q80 X−0.3 Z0 F100

N70 G00 X36 S1500

G01 Z0 F100

G02 X27 Z−10 R15

G01 X25.2 Z−11

Z−36

N80 X21

G00 Z150

X100

T0303

G00 X23 Z5 S600

G82 25.8 Z−34 F1.5

X26.4 Z−34

X26.8 Z−34

X26.9 Z−34

X27 Z−34

X27.1 Z—34
X27.15 Z—34
G00 Z150
X100
M05
M30

2.10.4 注意事项

(1) 加工内螺纹时刀尖必须与工件轴线垂直，否则螺纹就有可能角度不对；

(2) 切削内螺纹时，与车外螺纹一样要有引入长度和超越长度；

(3) 车内螺纹时也要把螺纹的圆柱外径适当车小10～20丝，这样才能套得进螺纹环规；

(4) 车内孔时需要注意车完后，先退 Z 方向，再退 X 方向；

(5) 指导教师要巡回指导。

2.10.5 考核样题与教学评价

1. 参考样题

如图 2-67 所示，毛坯为 $\phi 56 \times 84$ 的棒料，未注倒角为 $C1$，试根据图纸要求完成其加工。

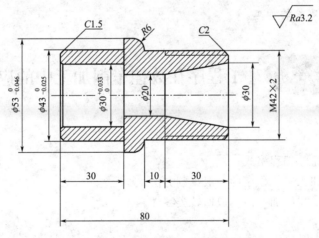

图 2-67 套类零件加工考核样题

2. 教学评价

与表 2-6～表 2-8 相同。

2.10.6 思考与作业题

(1) 归纳车内螺纹加工中出现的问题和解决办法。

(2) 加工套类零件时要保证尺寸精度和表面粗糙度应注意哪几个方面？

(3) 布置下次课需预习内容和相关知识。

(4) 完成任务单。

项目三 数控车工强化训练与技能提高

任务 3.1 子程序在数控车削加工中的应用

3.1.1 实训目的

（1）熟悉子程序的编程格式；
（2）掌握车削加工中子程序的一般编制方法；
（3）能够运用子程序加工出一般回转类零件。

3.1.2 实训指导

1. 子程序的概念

如果一个程序中包含重复出现的程序段，或零件上有频繁重复的图形，这样的程序段或图形就可以编成子程序以简化编程。调用子程序的程序称为主程序。在主程序执行期间出现子程序的调用指令时，就执行子程序。当子程序执行结束时，返回主程序执行后续程序。如图 3-1 所示，子程序必须在主程序结束指令后建立，其作用相当于一个固定循环。

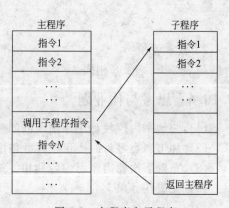

图 3-1　主程序和子程序

2. 子程序的嵌套

子程序可以被主程序调用，被调用的子程序也可以调用其他子程序，这个过程称为子程序的嵌套。当主程序调用子程序时，被当做一级子程序调用。子程序可以按照主程序调用子程序的同样方法调用其他子程序，华中 HNC-21T 数控系统子程序的嵌套可达四层，也就是五级程序界面（包括一级主程序界面），如图 3-2 所示。

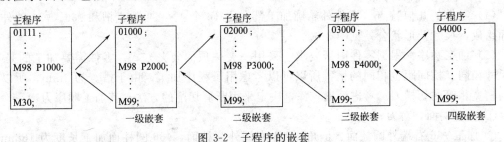

图 3-2 子程序的嵌套

3. 子程序的调用

指令格式：

M98 P _ L _ ；

说明：P——子程序的程序号，省略时表示从当前程序号调用；

L——调用次数，省略时为 1，但不能为 0。

4. 子程序格式

％×××× 　　（子程序号）

....

M99 　　　　（子程序结束并返回主程序）

如：M98 P1002 L5 表示连续调用子程序％1002 共 5 次。

说明：子程序不能以 MDI 程序的方式编辑，在对上述指令有所了解后就能进行此类零件程序的编制。

3.1.3 操作练习

如图 3-3 所示，毛坯尺寸为 φ66×202，材料选用 45 钢。

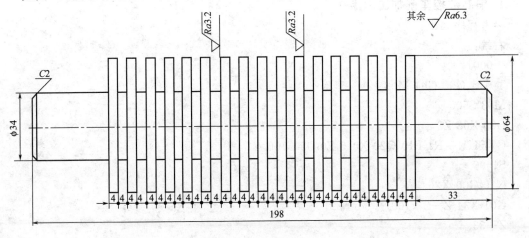

图 3-3 轴类零件的加工

1. 机床准备

采用配置 HNC-21T 数控系统的 CAK6136V 型数控车床对工件进行加工。加工前要求检查机床的各部分是否可以正常工作，切削液的开启及机床的防护是否正常，并且对机床需要润滑的部分加油等。

2. 零件加工工艺分析

(1) 零件的几何特点 零件外轮廓加工部分由 16 个 4×ϕ34 的直槽和 ϕ66、ϕ34 的外圆柱面组成，尺寸及形状公差见图 3-3。

(2) 加工顺序 根据零件图纸要求，采用一夹一顶的装夹方式。零件需要加工的是 16 个尺寸相同、槽间距也相同的槽，所以可以考虑用子程序加工。由于槽宽为 4mm，所以采用与槽宽相等的切槽刀。考虑到槽较深，决定采用断屑切削的方法。其加工顺序为：

① 平右端面，对刀；

② 加工 ϕ66 右端外圆柱面、倒角、ϕ34 右端外圆柱面，ϕ66 圆柱面加工长度为 168mm；ϕ34 外圆柱面长度为 33mm；

③ 切 16 个 4×ϕ34 的直槽；

④ 掉头装夹，平左端面，保证总长；

⑤ 倒角，切左端 ϕ66 圆柱面。

3. 刀具及切削参数选择

刀具及切削参数选择见表 3-1。

表 3-1　刀具及切削参数

序号	工步内容	刀具号	刀具规格		主轴转速 $n/(\text{r/min})$	进给速度 $F/(\text{mm/min})$
			类型	材料		
1	端面车削	T0101	93°外圆车刀		500	50
2	外圆粗加工	T0101	93°外圆车刀	硬质合金	500	120
3	外圆精加工	T0101	93°外圆车刀		1500	100
4	切槽	T0202	切槽刀		700	70

4. 编制数控车削加工程序

参考程序如下：

右端：

```
%0001
T0101 G90 G94 M08
M03 S500
G00 X68 Z2
G71 U1.5 R1 P10 Q20 X0.5 Z0.05 F100
S1500
N10 G00 X26
G01 X34 Z−2 F100
Z−33
X64
```

Z—168

N20 X68

G00 X100 Z150

T0202

S700

G00 X68

Z—33

M98 P0002 L16

G90 G00 X100

Z150

M05

M09

M30

%0002 子程序

G91 G00 Z—8

M98 P0003 L4

G90 G01 X68 F100

M99

%0003 子程序

G91 G01 X—7 F70

X2

M99

左端：

%0004

T0101 G90 G94 M08

M03 S500

G00 X68 Z2

G71 U1.5 R1 P10 Q20 X0.5 Z0.05 F100

S1500

N10 G00 X26

G01 X34 Z—2 F100

Z—35

N20 X68

G00 X100 Z150

M05

M09

M30

3.1.4　注意事项

（1）利用子程序进行编程时由于有主、子程序的跳跃，要注意各坐标点的计算；

（2）子程序经常需调用多次，一般要用相对坐标值，回主程序时注意转换为绝对坐标值；

（3）在 G71 循环指令的 P、Q 段之间不能调用子程序。

3.1.5　思考与作业题

试对图 3-4、图 3-5 进行编程与加工。

其余　$\sqrt{Ra3.2}$

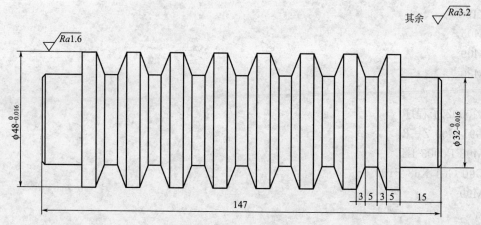

图 3-4　子程序练习题 1

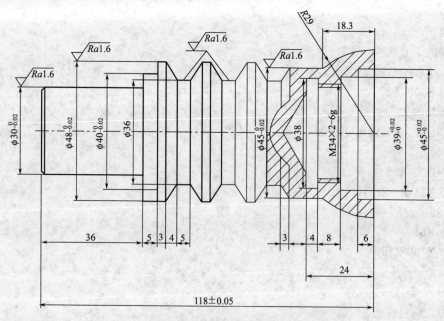

图 3-5　子程序练习题 2

任务 3.2 宏程序在数控车削加工中的应用

3.2.1 实训目的

(1) 熟悉宏程序的编程格式;

(2) 掌握车削加工中宏程序的一般编制方法;

(3) 能够运用宏程序加工出一般回转类零件。

3.2.2 实训指导

HNC-21T 数控系统为用户配备了强有力的类似于高级语言的宏程序功能,用户可以使用变量进行算术运算、逻辑运算和函数的混合运算,此外宏程序还提供了循环语句、分支语句和子程序调用语句,利于编制各种复杂的零件加工程序,减少乃至免除手工编程时进行繁琐的数值计算,以及精简程序量。

1. 宏变量及常量

(1) 宏变量

#0~#49 当前局部变量

#50~#199 全局变量

#200~#249 0 层局部变量

#250~#299 1 层局部变量

#300~#349 2 层局部变量

#350~#399 3 层局部变量

#400~#449 4 层局部变量

#450~#499 5 层局部变量

#500~#549 6 层局部变量

#550~#599 7 层局部变量

#600~#699 刀具长度寄存器 H0~H99

#700~#799 刀具半径寄存器 D0~D99

#800~#899 刀具寿命寄存器

(2) 常量

PI:圆周率 π

TRUE:条件成立(真)

FALSE:条件不成立(假)

2. 运算符与表达式

(1) 算术运算符

$+$, $-$, $*$, $/$

(2) 条件运算符

EQ($=$), NE($\neq$), GT($>$),

GE($\geqslant$), LT($<$), LE($\leqslant$)

(3) 逻辑运算符

AND，OR，NOT

（4）函数

SIN，COS，TAN，ATAN，ATAN2，ABS，INT，SIGN，SQRT，EXP

（5）表达式

用运算符连接起来的常数，宏变量构成表达式。

例如：175/SQRT[2] * COS[55 * PI/180]；

#3* 6 GT 14；

3. 赋值语句

格式：宏变量＝常数或表达式

把常数或表达式的值送给一个宏变量称为赋值。

例如：#2 = 175/SQRT[2] * COS[55 * PI/180]；#1=#[#1+#2−12]；#3 = 124.0；

4. 条件判别语句

条件判别语句 IF，ELSE，ENDIF。

格式（ⅰ）：

IF 条件表达式

…

ELSE

…

ENDIF

格式（ⅱ）：

IF 条件表达式

…

ENDIF

例：计算 1～10 的总和。

00001；	
#1=0；	存储和的变量初值
#2=1；	被加数变量初值
N1 IF[#2GE10]；	当被加数大于 10 时转移到 ENDIF
#1=#1+#2；	计算和
#2=#2+1；	下一个被加数
ENDIF	
N2M30；	程序结束

5. 循环语句 WHILE，ENDW

格式：

WHILE 条件表达式

…

ENDW

例：计算 1～10 总和。

00002；	
#1=0；	存储和的变量初值

♯2＝1；	被加数变量初值
WHILE［♯2LE10]；	当被加数≤10时循环D01到END1之间的程序
♯1＝♯1＋♯2；	计算和
♯2＝♯2＋1；	下一个被加数
ENDW；	
M30；	程序结束

3.2.3 操作练习

零件如图3-6所示，零件毛坯尺寸为$\phi48\times110$，椭圆方程为$X^2/1600+Z^2/400=1$，试对零件进行加工，材料选用45钢。

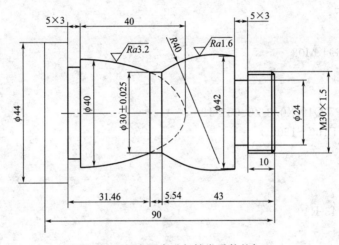

图3-6 运用宏程序进行轴类零件的加工

1. 机床准备

采用配置HNC-21T数控系统的CAK6136V型数控车床对工件进行加工。加工前要求检查机床的各部分是否可以正常工作，切削液的开启及机床的防护是否正常，并且对机床需要润滑的部分加油等。

2. 零件加工工艺分析

(1) 零件的几何特点 外轮廓由外圆柱面、倒角、圆弧面、外椭圆面、直槽、外螺纹等组成。由于中间凹进去了，所以要选择能车凹弧的仿形车刀，尺寸及形状公差见图3-6。

(2) 加工顺序 根据零件图纸要求，由于螺纹和槽都在右端，且槽离右端只有10mm，考虑到切槽时，径向力比较大，所以采用一夹一顶的装夹方式。其加工顺序为：

① 平右端面，对刀；

② 先倒角、加工$\phi30$、$R40$外圆柱面、椭圆面及$\phi44$外圆柱面；

③ 加工两个5×3槽；

④ 切螺纹；

⑤ 切断，去毛刺。

3. 刀具及切削参数选择

刀具及切削参数选择见表3-2。

表 3-2 刀具及切削参数

序号	工步内容	刀具号	刀具规格		主轴转速 $n/(r/min)$	进给速度 $F/(mm/min)$
			类型	材料		
1	端面车削	T0101	93°外圆车刀		500	50
2	外圆粗加工	T0101	93°外圆车刀		500	120
3	外圆精加工	T0101	93°外圆车刀	硬质合金	1500	100
4	切槽	T0202	切槽刀刀宽为 4mm		700	70
5	切螺纹	T0303	60°机夹式螺纹刀		800	1200

4. 编制数控车削加工程序

参考程序如下：

%0001

T0101 G90 G94 M08

M03 S500

G00 X52 Z2

G71 U2 R1 P7 Q19 X0.3 Z0.05 F120

N7 G01 X22 F100 S1500

X29.88 Z－2

Z－15

X42

G03 X30 Z－43 R40

G01 Z－48.54

#1＝15

WHILE#1LE20

#2＝2* SQRT[400－#1* #1]

G01 X [2* #1] Z [#2－75]

#1＝#1+0.1

ENDW

G01 Z－80

X44

Z－92

N19 X52

G00 X100 Z150

T0202

S700

G00 X46 Z－15

G01 X24 F70

G04 P2

G01 X48 F300

Z－14

G01 X24 F70

G04 P2

G01 X48 F500

G00 Z−80

G01 X34 F70

G04 P2

G01 X48 F500

Z−79

G01 X34 F70

G04 P2

G01 X52 F500

G00 X100 Z150

T0303

S800

G00 X34 Z5

G82 X29.2 Z−12 F1.5

X28.6 Z−12

X28.2 Z−12

X28.04 Z−12

G00 X100

Z150

T0202

S700

G00 Z−94

G01 X6 F70

X52 F500

G00 X100 Z150

M05

M09

M30

3.2.4　注意事项

（1）使用宏程序时注意变量及应用范围；

（2）注意把数学中的曲线方程转换为编程坐标系的曲线方程；

（3）注意掌握宏程序的调试。

3.2.5　思考与作业题

（1）请列出抛物线、双曲线、椭圆的曲线方程。

（2）试对图 3-7 进行编程。

（3）完成任务单。

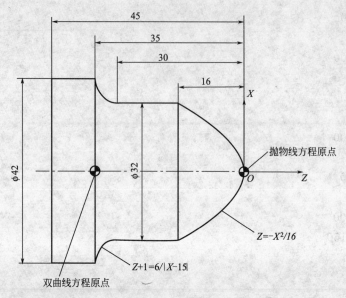

图 3-7 运用宏程序进行轴类零件的加工练习题

任务 3.3   复杂轴类零件车削编程与加工

3.3.1 实训目的

（1）能对复杂轴类零件的加工工艺进行分析和工艺卡片的填写；

（2）能对复杂轴类零件进行程序的编制与加工；

（3）能对零件进行准确测量；

（4）能对加工精度进行控制。

3.3.2 实训指导

（1）复杂轴类零件的外形一般由圆柱面、圆锥面、平面、槽、螺纹和曲面及内孔组成，因此这些基本表面的加工工艺与编程方法是加工复杂外形轮廓零件的基础。

（2）复杂轴类零件一般都要调头。先粗、精加工完一端，再调头粗、精加工另一端，这一点与普通车削工艺不一样。

（3）复杂轴类零件的预加工，如平端面，加工中心孔，车装夹部位等尽可能在普通车床上先加工出来；此外还要考虑工件刚性和切削用量对工件加工质量的影响。

（4）复杂轴类零件的编程要考虑零件的批量。小批量时，编程可以考虑使用一些固定循环，如 G71、G72、G73、G80、G81 等以提高编程速度；大批量生产时，应该尽可能避免使用固定循环。这是因为固定循环一方面有较多的空行程，另一方面不容易控制零件的切削深度。

（5）大批量生产时，应该尽可能用计算机来找复杂轮廓上的点，有必要时，要重新绘制零件图，以检查零件图是否存在着尺寸错误。

3.3.3 操作练习

零件图如图 3-8 所示，材料选用 45 钢，毛坯尺寸为 $\phi 54 \times 120$。

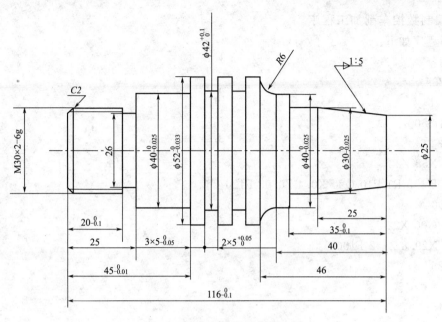

图 3-8　较复杂轴类零件加工图

1. 数控加工机床准备

此类零件的加工，根据图纸机床可采用配置 HNC-21T 数控系统的 CAK6136V 型数控车床。加工前要求检查机床的各部分是否可以正常工作，切削液的开启及机床的防护是否正常，并且对机床需要润滑的部分加油等。

2. 零件的工艺分析

(1) 零件的几何特点　零件由外圆柱面、外圆锥面、倒角、直槽、外螺纹、圆弧面组成。尺寸要求如图 3-8 所示。

(2) 加工顺序　根据零件图纸要求，采用一夹一顶的装夹方式，其加工顺序为：

① 平左端面。

② 粗、精加工左端。先倒角、加工 $\phi30$、$\phi40$、$\phi52$ 圆柱面；再切退刀槽；最后切螺纹。加工的总长度为 52mm。

③ 掉头，平右端面，保证总长 116mm。

④ 粗、精加工左端。先倒角、$\phi30$、$\phi40$ 圆柱面、$R6$ 圆弧面、$\phi52$ 圆柱面再切槽。

3. 刀具及切削参数选择

刀具及切削参数选择见表 3-3。

表 3-3　刀具及切削参数

序号	工步内容	刀具号	刀具规格		主轴转速 $n/(\text{r/min})$	进给速度 $F/(\text{mm/min})$
			类型	材料		
1	端面车削	T0101	93°外圆车刀		500	50
2	外圆粗加工	T0101	93°外圆车刀		500	120
3	外圆精加工	T0101	93°外圆车刀	硬质合金	1500	100
4	切槽	T0202	切槽刀		700	70
5	切螺纹	T0303	60°机夹式螺纹刀		800	1200

4. 编制数控车削加工程序

参考程序如下：

左端：

%1235

T0101

M03 S500

M08

G00 X58 Z2

G71 U1.5 R1 P10 Q20 X0.4 Z0.05 F120

S1500

N10 G00 X22

G01 X29.8 Z−2 F100

Z−25

X40

Z−45

X52

Z−52

N20 X56

G00 X100 Z150

T0202

G00 X44 Z−25

S700

G01 X26 F70

G04 P2

G01 X44 F500

G00 X100 Z150

T0303

S1200

G00 X34 Z5

G82 X29.1 Z−22 F2

X28.5 Z−22

X27.9 Z−22

X27.5 Z−22

X27.3 Z−22

X27.22 Z−22

G00 X100

Z150

M05

M09

M30

右端：

%1236

T0101

M03 S500

M08

G00 X58 Z2

G71 U1.5 R1 P30 Q40 X0.4 Z0.05 F120

S1500

N30 G00 X23.8

G01 X30 Z−25 F100

Z−35

X40

Z−40

G02 X52 Z−46 R6

G01 Z−68

N40 X58

G00 X100 Z150

T0202

S700

G00 X56 Z−56

G01 X42 F70

G04 P2

G01 X56 F500

Z−55

G01 X42 F70

G04 P2

G01 X56 F500

G00 Z−66

G01 X42 F70

G04 P2

G01 X54 F500

Z−65

G01 X42 F70

G04 P2

G01 X58 F500

G00 X100 Z150

M05

M09

M30

3.3.4 注意事项

（1）操作前，一定要注意所用刀具对刀参数要正确，最好能够编写一个对刀程序来验证，确保对刀无误。

（2）程序调试与零件的试切。

① 将程序输入到数控装置中，让机床空运行，以检查程序是否正确。

② 在有 CRT 图形显示的数控机床上模拟运行，以检查刀具与工件之间是否干涉或是否有过多的空行程。

③ 零件的首件试切。加工到带有公差的尺寸时，粗加工后应及时测量工件尺寸，如果和预设值有误差，指导学生修改刀补设置，校正尺寸精度，并分析误差产生的原因，及时采取工艺措施。

④ 换刀时不要与工件产生撞击。

⑤ 切退刀槽时注意进给速度不要太快。

⑥ 加工螺纹时，要有刀具的引入长度 Δ_1 和超越长度 Δ_2。

3.3.5 思考与作业题

（1）什么情况下加工复杂外形轮廓零件需要调头？

（2）什么情况下采用 G73 编程？

（3）布置下次课需预习内容和相关知识。

（4）完成任务单。

（5）试对图 3-9、图 3-10 进行编程。

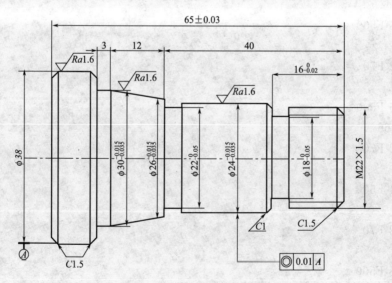

图 3-9　复杂轴类零件练习题 1

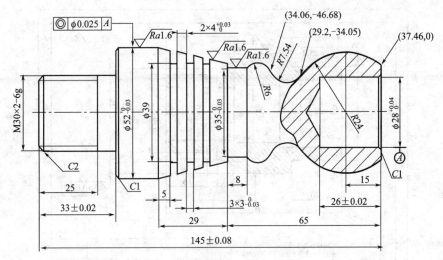

图 3-10 复杂轴类零件练习题 2

任务 3.4 复杂套类零件车削编程与加工

3.4.1 实训目的

（1）培养学生套类零件加工的综合分析能力，能正确编制加工程序；

（2）巩固套类零件加工的工艺路线相关知识；

（3）能熟练应用套类零件加工所使用的刀具、加工方法，掌握保证套类零件加工的技术要求。

3.4.2 实训指导

加工套类零件时，一般既有外圆加工，又有内孔加工，编程操作时应尽量遵循"先内后外"的顺序原则。若零件内孔与外圆有同轴度要求时，应尽量采用一次装夹加工的方法保证形位公差，也可用专用芯轴定位加工。

3.4.3 操作练习

零件图如图 3-11 所示，材料选用 45 钢，毛坯为 $\phi50 \times 74$ 棒料，试完成其加工。

1. 机床准备

根据图纸可采用配置 HNC-21T 数控系统的 CAK6136V 型数控车床对工件进行加工。加工前要求检查机床的各部分是否可以正常工作，切削液的开启及机床的防护是否正常，并且对机床需要润滑的部分加油等。

2. 工艺分析

（1）零件的几何特点 零件由外圆柱面、外圆锥面、倒角、直槽、外螺纹、圆弧面以及内台阶孔组成。尺寸与技术要求如图 3-11 所示。

（2）加工顺序 根据零件图纸要求可以采用下面的加工顺序：

① 平左端面；

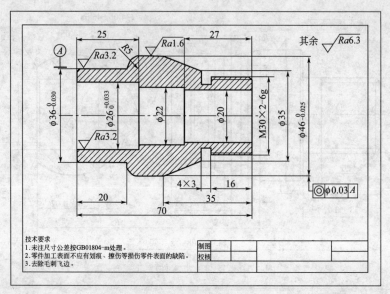

图 3-11　复杂套类零件练习题

② 钻 ϕ20 通孔；

③ 粗、精加工左端，包含倒角、ϕ36 圆柱面、R5 圆弧、ϕ46 圆柱面，加工的总长度要大于 35mm；

④ 粗、精加工内孔；

⑤ 掉头，平右端面，保证总长 70mm；同时打百分表，保证同轴度。

（3）刀具及切削参数选择　刀具及切削参数选择见表 3-4。

表 3-4　刀具及切削参数

| 序号 | 工步内容 | 刀具号 | 刀具规格 | | 主轴转速 $n/(\text{r/min})$ | 进给速度 $F/(\text{mm/min})$ |
			类型	材料		
1	端面车削	T0101	93°外圆车刀		500	50
2	外圆粗加工	T0101	93°外圆车刀	硬质合金	500	120
3	外圆精加工	T0101	93°外圆车刀		1500	100
4	钻孔		ϕ20 麻花钻	高速钢	250	
5	切槽	T0202	切槽刀		700	70
6	切螺纹	T0303	60°机夹式螺纹刀	硬质合金	1000	2000
7	粗车内孔	T0404	内孔车刀		500	100
8	精车内孔	T0404	内孔车刀		1000	80

3. 编制数控车削加工程序

参考程序如下：

左端：先钻好 ϕ20 的孔，然后再利用程序加工。

%456

T0404 M08

M03 S500

G00 X18 Z4

G71 U1 R1 P10 Q20 X−0.4 Z0.05 F100

S1000

N10 G00 X26

G01 Z－20 F80

G01 X22

Z－43

N20 X18

G00 Z150

X100

T0101

G00 X54 Z2

G71 U1.5 R1 P1 Q2 X0.4 Z0.05 F120

S1500

N1 G00 X28

G01 X36 Z－2 F100

Z－20

G03 U12 W－6 R6

G01 Z－37

N2 X54

G00 X100 Z150

M05

M09

M30

右端：

%457

T0101 M08

M03 S500

G00 X54 Z2

G71 U1.5 R1 P30 Q40 X0.4 Z0.05 F120

S1500

N30 G00 X22

G01 X29.8 Z－2 F100

Z－20

X35

X46 Z－35

N40 X54

G00 X100 Z150

T0202

S700

G00 X40 Z－20

G01 X24 F70

G04 P2

G01 X44 F500

G00 X100 Z150

T0303

S1000

G00 X36 Z5

G82 X29.1 Z—17 F2

X28.5 Z—17

X27.9 Z—17

X27.5 Z—17

X27.3 Z—17

X27.22 Z—17

G00 X100

Z150

M05

M09

M30

3.4.4 注意事项

（1）加工时要充分发挥每把刀具的性能，尽可能减少刀具的数量；

（2）装夹内孔车刀前，注意要测量内孔车刀的尺寸，谨防刀具伸不进孔；

（3）内孔车刀的悬伸长度要尽可能短，并且装夹要牢靠，尽可能提高它的刚性；

（4）车内孔时 X 方向的精车余量为负值，Z 方向的精车余量为正值。

3.4.5 思考与作业题

试对图 3-12 进行编程。

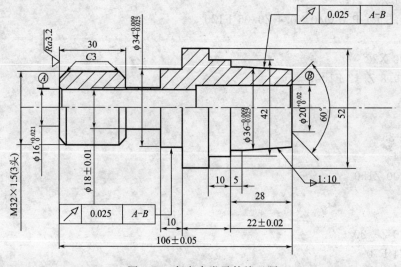

图 3-12　复杂套类零件练习题

任务 3.5 综合零件的加工

3.5.1 实训目的

（1）理解综合类零件工艺分析以及工艺安排；

（2）掌握零件工艺卡片的填写；

（3）掌握综合类零件的程序编制；

（4）具备综合类零件加工的刀具选择和切削参数的确定能力；

（5）具备零件质量测量与精度控制能力。

3.5.2 实训指导

综合零件一般是集内、外轮廓于一体的零件，大多具有圆柱孔、内锥面、内螺纹和外圆柱面、外圆锥面甚至是外曲面，一般形状复杂，加工也比较烦琐，加工时要注意：

（1）要读懂零件的尺寸要求及相关表面的位置要求，为了保证这些要求，制订工艺时应该明确采取什么样的措施；为了验证这些措施，最好能在数控仿真软件上进行仿真加工和测量。

（2）根据零件的特点，看内轮廓或外轮廓是否有接刀，要把接刀放在工件轮廓边界上；内外轮廓一般都要编写各自的数控加工程序。

（3）加工顺序一般是先内后外，内外交叉。即粗加工时先进行内腔、内形粗加工，后进行外形粗加工；精加工时先进行内腔、内形精加工，后进行外形精加工。如果车床刀架装刀数量有限，也可在保证工件质量的前提下先进行内腔、内形粗精加工，再进行外形粗精加工，当然外形粗精加工前要重新对刀。

（4）这类工件一般需要调头，调头装夹应垫铜皮或用软卡爪，夹紧力要适当，不要把工件夹坏。

（5）装夹内孔刀时，要注意主切削刃应稍微高于主轴轴线，刀杆长度也要适宜。

3.5.3 操作练习

练习题目一：轴类综合零件加工

零件图如图 3-13 所示，毛坯 $\phi 55 \times 92$ 棒料，材料选用 45 钢，试完成其加工。

1. 机床准备

根据图纸可采用配置 HNC-21T 数控系统的 CAK6136V 型数控车床对工件进行加工。加工前要求检查机床的各部分是否可以正常工作，切削液的开启及机床的防护是否正常，并且对机床需要润滑的部分加油等。

2. 零件加工工艺分析

（1）零件的几何特点 零件由外圆柱面、外圆锥面、倒角、直槽、外螺纹、圆弧面以及球面组成。尺寸与要求如图 3-13 所示，这其中内孔与螺纹为难加工表面，零件需要两头加工。

（2）加工顺序 根据零件图纸要求可以采用这样的加工顺序：

① 装夹右端，外露 40mm，平左端面；

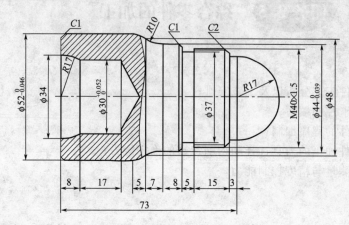

$\sqrt{Ra3.2}$

图 3-13 轴类综合零件练习题

② 钻孔 ϕ27mm，深 25mm；

③ 粗、精加工 ϕ52 外圆柱面至尺寸，倒角 C1；

④ 粗、精加工 ϕ30 内孔，R17mm 内圆弧面至尺寸；

⑤ 调头，装夹 ϕ52 外圆柱面，外露 65mm；

⑥ 车端面，保证总长 90mm；

⑦ 粗、精加工 R17mm 外圆弧面、M40×1.5 外螺纹顶径、ϕ44 外圆柱面、R10 外圆弧面、锥面至尺寸，倒角；

⑧ 加工螺纹退刀槽；

⑨ 车 M40×1.5 外螺纹至尺寸，工件加工完成。

3. 刀具及切削参数选择

刀具及切削参数选择见表 3-5。

表 3-5 刀具及切削参数

序号	工步内容	刀具号	刀具规格		主轴转速 n/(r/min)	进给速度 F/(mm/min)
			类型	材料		
1	端面车削	T0101	93°外圆车刀		500	50
2	外圆粗加工	T0101	93°外圆车刀	硬质合金	500	120
3	外圆精加工	T0101	93°外圆车刀		1500	100
4	钻孔		ϕ27 麻花钻	高速钢	250	
5	切槽	T0202	切槽刀		700	70
6	切螺纹	T0303	60°机夹式螺纹刀	硬质合金	1000	2000
7	粗车内孔	T0404	内孔车刀		500	100
8	精车内孔	T0404	内孔车刀		1000	80

4. 编制数控车削加工程序

%56

左端：

T0101

M03 S500

M08

G00 X58 Z2

G71 U2 R1 P10 Q20 X0.4 Z0.05 F120

N10 G00 X46 S1500 F100

G01 X52 Z−1 F100

G01 Z−35

N20 X58

G00 X100 Z150

T0404

S500

G00 X28 Z4

G71 U1 R1 P30 Q40 X−0.4 Z0.05 F100

S1000

N30 G00 X34

G01 Z0 F80

G03 X30 Z−7 R17

G01 Z−25

N40 X28

G00 Z150

X100

M05

M09

M30

右端：

%78

T0101

M03 S500

M08

G00 X58 Z2

G71 U2 R1 P60 Q70 X0.5 F120

N60 G00 X0 S1500

G01 Z0 F100

G03 X34 Z−17 R17

G01 Z−20

G01 X36

G01 X39.8 Z−22

G01 Z−40

G01 X42

G01 X44 Z−41

G01 Z−48

G02 X48 Z—55 R10

G01 X52 Z—60

N70 X58

G00 X100 Z150

T0303

M03 S700

G00 X56 Z—40

X48

G01 X37 F70

G04 P2

G01 X47 F500

G00 Z—39

G01 X37 F70

G04 P2

G01 X47 F500

G00 X100

Z150

T0404

M03 S1000

G00 X48 Z—15

G76 C2 A60 X37.95 Z—37 K0.975 U0.05 V0.05 Q0.8 F1.5

G00 Xl00 Z150

M05

M09

M30

练习题目二：套类综合零件加工

零件如图 3-14 所示，毛坯 ϕ55×63 棒料，材料选用 45 钢，要求锥度研合面>75％，未注倒角 C0.5，试完成其加工。

1. 机床准备

根据图纸可采用配置 HNC-21T 数控系统的 CAK6136V 型数控车床对工件进行加工。加工前要求检查机床的各部分是否可以正常工作，切削液的开启及机床的防护是否正常，并且对机床需要润滑的部分加油等。

2. 零件加工工艺分析

(1) 零件的几何特点　零件由 ϕ50、ϕ46、ϕ44 外圆柱面，ϕ33、ϕ28 内孔，内、外圆锥面，退刀槽，M48×1.5 外螺纹组成，其中 ϕ50、ϕ46 外圆柱面，ϕ33 内孔，M48×1.5 外螺纹为重要表面。

(2) 加工顺序　根据零件图纸要求可以采用下面的加工顺序：

① 装夹右端，外露 25mm，平左端面；

② 钻通孔 ϕ28；

③ 粗、精加工 ϕ50、ϕ46 外圆柱面至尺寸，倒角 C1，其加工的总长大于 22mm；

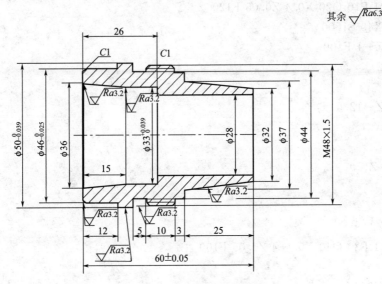

图 3-14 套类综合零件练习题

④ 粗、精加工 ϕ 33 内孔，内圆锥面尺寸；

⑤ 调头，装夹 ϕ 46 外圆柱面，外露 50mm；

⑥ 车端面，保证总长 60mm±0.05mm，并对刀；

⑦ 粗、精加工外圆锥面、ϕ 44 外圆柱面、M48×1.5 外螺纹顶径至尺寸，倒角；

⑧ 加工螺纹退刀槽；

⑨ 车 M48×1.5 外螺纹至尺寸，工件加工完成。

3. 刀具及切削参数选择

刀具及切削参数选择见表 3-6。

表 3-6 刀具及切削参数

序号	工步内容	刀具号	刀具规格		主轴转速 $n/(r/min)$	进给速度 $F/(mm/min)$
			类型	材料		
1	端面车削	T0101	93°外圆车刀	硬质合金	500	50
2	外圆粗加工	T0101	93°外圆车刀		500	120
3	外圆精加工	T0101	93°外圆车刀		1500	100
4	钻孔		ϕ 27 麻花钻	高速钢	250	
5	切槽	T0202	切槽刀		700	70
6	切螺纹	T0303	60°机夹式螺纹刀	硬质合金	1000	2000
7	粗车内孔	T0404	内孔车刀		500	100
8	精车内孔	T0404	内孔车刀		1000	80

4. 编制数控车削加工程序

左端：

%667

T0101 M08

M03 S500

G00 X58 Z2

G71 U2 R1 P10 Q20 X0.4 Z0.05 F120

N10 G00 X40 S1500

G01 X46 Z−1 F100

G01 Z−12

G01 X49

G01X 50 Z−12.5

G0l Z−23

N20 X58

G00 X100 Z150

T0404

S500

G00 X26 Z2

G71 U1 R1 P30 Q40 X0.−4 Z0.05 F100

S100

N30 G00 X37

G01 Z0 F80

G01 X36 Z−0.5

X33 Z−15

Z−26

N40 X26

G00 Z150

X100

M05

M09

M30

右端：

T0101 M08

M03 S500

G00 X58 Z2

G71 U2 R1 P60 Q70 X0.4 Z0.05 F120

S1500

N60 G00 X26

G01 X32 Z−0.5 F100

X37 Z−25

X44

Z−28

X46

X47.82

Z−29

Z−43

N70 X58

G00 X100 Z150

T0202

S700

G00 X56 Z—43

G01 X44 F70

G04 P2

G01 X56 F500

Z—42

G01 X44 F70

G04 P2

G01 X58 F500

G00 X100 Z150

T0404

S500

G00 X52 Z—22

G76 C2 A60 X45.95 Z—39 K0.975 U0.05 V0.05 Q0.8 F1.5

G00 X100 Zl50

M05

M09

M30

练习题目三：配合件的加工

如图 3-15～图 3-19，毛坯为 $\phi44\times72$、$\phi60\times34$、$\phi54\times50$ 棒料，材料选用 45 钢，试进行零件加工分析，填写刀具及刀具参数表，编制加工程序，并完成零件加工。

1. 机床准备

根据图纸可采用配置 HNC-21T 数控系统的 CAK6136V 型数控车床对工件进行加工。加工前要求检查机床的各部分是否可以正常工作，切削液的开启及机床的防护是否正常，并且对机床需要润滑的部分加油等。

2. 零件加工工艺分析

（1）零件的几何特点　该配合件由三个零件组成，其中件 1 由 $\phi40$ 和 $\phi28$ 外圆柱面、$R15mm$ 外圆弧面及 M24 ×1.5 外螺纹组成；件 2 由 $\phi30$ 至 $\phi40$ 锥面、$R20$ 的外圆弧面、$R12$ 的内圆弧面、M24 ×1.5 内螺纹组成；件 3 由 $\phi44$、$\phi50$ 外圆柱面、$\phi28$ 内圆柱面及 $\phi28$ 至 $\phi38$ 内圆锥面组成。其中件 1 的 $\phi40$、$\phi28$、件 3 的 $\phi44$、$\phi50$ 外圆柱面及 M24×1.5 内、外螺纹为重要表面。

（2）加工顺序　根据零件图纸要求可以采用这样的加工顺序：

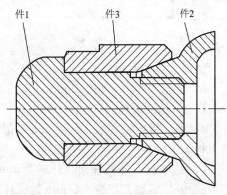

图 3-15　配合件

技术要求：

1. 锐边倒钝 $R0.5$。

2. 禁止用锉刀、砂纸修光工件表面。

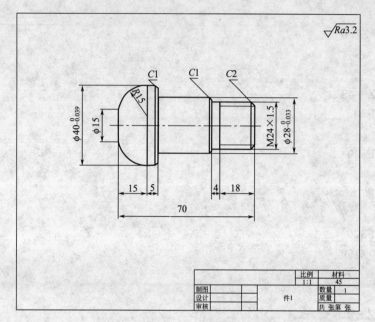

图 3-16 件 1 零件图

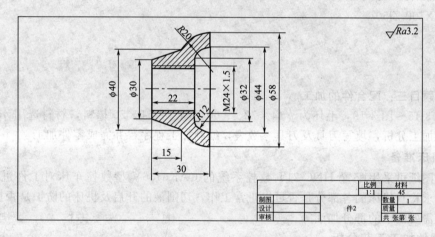

图 3-17 件 2 零件图

① 加工件 3 右端

ⅰ. 装夹工件 3，外露 35mm，车端面，见平即可，如图 3-19 所示。

ⅱ. 钻 ϕ20 通孔。

ⅲ. 粗、精加工右端，ϕ50 mm 外圆柱面，倒角 C3，内圆锥面及 ϕ28mm 内孔。

② 加工件 3 左端

ⅰ. 装夹 ϕ50 外圆柱面，外露 25mm，车端面，保证总长度 45mm，如图 3-20 所示。

ⅱ. 粗、精加工左端 ϕ44mm 外圆柱面，倒角 C1。

③ 加工件 2 右端

ⅰ. 装夹工件 2，外露 10mm，车端面，见平即可，如图 3-21 所示。

ⅱ. 钻 ϕ20 通孔。

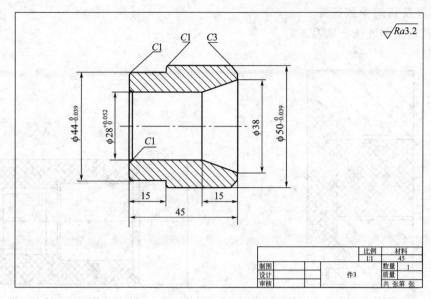

图 3-18　件 3 零件图

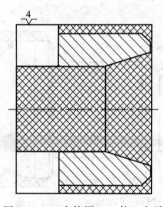

图 3-19　工序简图——件 3 右端

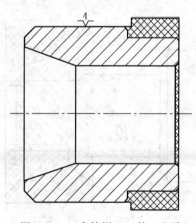

图 3-20　工序简图——件 3 左端

ⅲ．粗、精加工 R12mm 内圆弧面，M24×1.5 内螺纹。

④ 加工件 1 右端

ⅰ．装夹工件 1，外露 60mm，车端面，见平即可，如图 3-22 所示。

ⅱ．粗、精加工右端 ϕ28 外圆柱面，M24×1.5 外螺纹，倒角三处，注意工件不卸下。

⑤ 加工件 2 左端

ⅰ．装夹工件 2，与件 1 螺纹连接，车端面，保证总长度 30mm，如图 3-23 所示。

ⅱ．粗、精加工外圆锥面，R20mm 外圆弧面。

⑥ 加工件 1 左端

ⅰ．装夹 ϕ28 外圆柱面，车端面，保证总长度 70mm，如图 3-24 所示。

ⅱ．粗、精加工左端 R15mm 外圆弧面，ϕ40 外圆柱面。工件加工完成。

3. 刀具及切削参数选择

刀具及切削参数选择见表3-7。

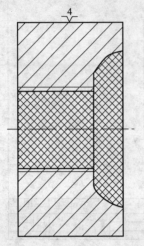

图 3-21　工序简图——件 2 右端

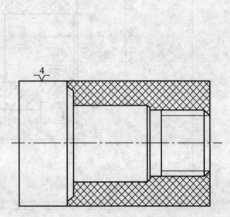

图 3-22　工序简图——件 1 右端

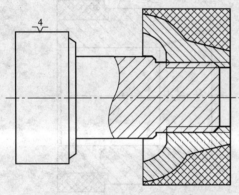

图 3-23　工序简图——件 2 左端

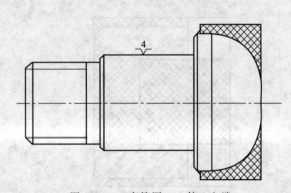

图 3-24　工序简图——件 1 左端

表 3-7　刀具及切削参数

序号	工步内容	刀具号	刀具规格		主轴转速 n/(r/min)	进给速度 F/(mm/min)
			类型	材料		
1	端面车削	T0101	93°外圆车刀	硬质合金	500	50
2	外圆粗加工	T0101	93°外圆车刀		500	120
3	外圆精加工	T0101	93°外圆车刀		1500	100
4	钻孔		ϕ20 麻花钻	高速钢	250	
5	切螺纹	T0303	60°机夹式螺纹刀		800	1200
6	粗车内孔	T0404	内孔车刀		500	100
7	精车内孔	T0404	内孔车刀		1000	80

4. 编制数控车削加工程序

件3（右端）

%0001

N10 G90 G94

N20 M03S500

N30 T0101

N40 G00 X56 Z2

N50 G71 U2 R1 P60 Q90 X0.4 Z0.05 F120

N60 G00 X44 S1500 F100

N70 G01 Z0

N80 G01 X50 Z−3

N85 G01 Z−31

N90 X56

N100 G00 X100 Z150

N110 T0404

N120 M03S500

N130 G00 X18 Z2

N140 G71 U1 R0.5 P150 Q185 X−0.4 Z0.05 F100

N150 G00 X38 S1000 F80

N160 G01 Z0

N170 X28 Z−15

N180 G01 Z−44

N181 X32 Z−46

N185 X18

N188 G00 Z100

N190 X100

N200 M05

N210 M30

件3（左端）

%0002

N10 G90 G94

N20 M03 S500

N30 T0101

N40 G00 X56 Z2

N50 G71 U2 R1 P60 Q110 X0.4 Z0.05 F120

N60 G00 X42 S1500 F100

N70 G01 Z1

N80 G01 X44 Z−1

N90 G01 Z−15

N100 G01 X48

N105 G01 X52 Z—17

N110 X56

N120 G00 X100 Z100

N130 M05

N140 M30

件 2（右端）

%0003

N10 G90 G94

N20 M03 S500

N30 T0404

N40 G00 X18 Z3

N50 G71 U1 R0.5 P60 Q100 X—0.4 F100

N60 G00 X44 S1000 F80

N70 G01 Z0

N80 G03 X32 Z—8 R12

N90 G01 X21

N91 X100 G01 Z—29.5

N92 X24 Z—31

N100 X18

N110 G00 Z100

N120 X100

N121 M03 S800

N130 T0303

N140 G00 X20 Z5

N150 G82 X22.4 Z—32 F1.5

N160 X22.8 Z—32

N170 X23.2 Z—32

N180 X23.6 Z—32

N190 X23.9 Z—32

N200 X24 Z—32

N210 G00 X100 Z150

N220 M05

N230 M30

件 2（左端）

%0004

N10 G90 G95

N20 M03 S500

N30 T0101

N40 G00 X62 Z1

N50 G71 U2 R1 P60 Q100 X0.4 F120

N60 G00 X30 S1500 F100

N70 G01 Z0

N80 G01 X40 Z－15

N90 G03 X58 Z－30 R20

N100 G01 Z－32

N110 G00 X100 Z100

N120 M05

N130 M30

件1（左端）

%0005

N10 G90 G94

N20 M03S500

N30 TUl01

N40 G00 X46 Zl

N50 G71 U2 R1 P60 Q90 X0.4 F120

N60 G00 X15 S1500 F100

N70 G01 Z0

N80 G03 X40 Z－15 R15

N90 G01 Z－22

N100 G00 X100 Z100

N110 M05

N120 M30

件1（右端）

%0006

N10 M03 S500

N20 T0101

N30 G00 X46 Z1

N40 G71 U2 R1 P50 Q130 X0.4 F120

N50 G00 X20 S1500 F100

N60 G01 Z0

N70 G01 X23.8 Z－2

N80 G01 Z－22

N90 G01 X26

N100 G01 X28 Z－23

N110 G01 Z－50

N120 G01 X38

N130 G01 X42 Z－51

N140 G00 X100 Z100
N150 T0303
N160 M03 S800
N170 G00 X30 Z5
N180 G82 X23.2 Z−18 F1.5
N190 X22.6 Z−18
N200 X22.3 Z−18
N210 X22.2 Z−18
N220 X22.1 Z−18
N230 X22.05 Z−18
N240 X22.0 Z−18
N250 G00 X100 Z100
N260 M05
N270 M30

3.5.4　注意事项

（1）对于综合零件的加工，一定要对零件进行工艺分析，确定好其良好的装夹方案和加工工序，并填好相应的工艺卡片；

（2）注意车内、外孔时的定位点和加工余量的符号的不同；

（3）车内孔时一定要注意先退 Z 方向，再退 X 方向，否则会打刀、撞坏工件。

3.5.5　思考与作业题

如图 3-25 所示，毛坯为 $\phi 75 \times 72$，其余 $Ra6.3$，试对其进行零件加工分析，确定装夹方式和加工方案，选择刀具和切削用量，编制加工程序，并完成零件加工。

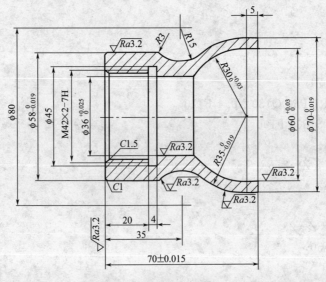

图 3-25　综合零件加工练习题 1

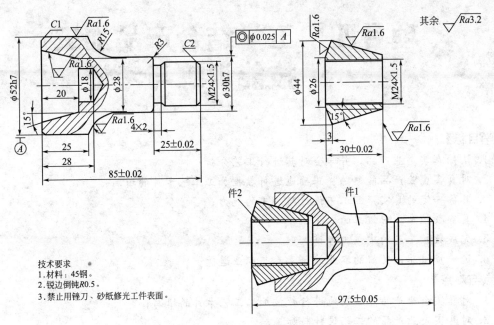

技术要求
1.材料：45钢。
2.锐边倒钝R0.5。
3.禁止用锉刀、砂纸修光工件表面。

图 3-26　综合零件加工练习题 2

项目四 工学结合产品加工技能训练与考证

【教学目标】

1. 认知真实企业产品，并学会对其进行工艺分析；
2. 对真实企业产品能熟练、正确地进行数控加工工艺卡片的填写；
3. 具备一定的真实产品工艺设计与加工的能力；
4. 具备数控车工中级工的水平；
5. 完成数控车工的中级工考证；
6. 进一步培养出良好的职业综合素养与职业道德。

【重点与难点】

1. 对真实企业产品能正确地进行数控加工工艺卡片的填写；
2. 对真实企业产品的工艺设计与加工；
3. 数控车工的中级工考证。

任务 4.1　活塞加工

如图 4-1 所示，试对阀门上一活塞进行编程与加工。

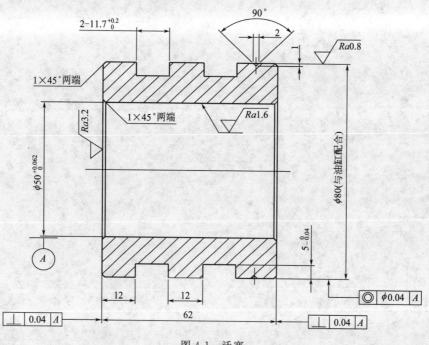

图 4-1　活塞

4.1.1 现场记录表

工种	数控车工	单位		准考证号			总得分	
实操时间	5h	数控系统		姓名			工件编号	
安全、文明生产	安全规范			好 □	一般 □		差 □	
	文明礼貌、尊重监考人员			好 □	一般 □		差 □	
	服从考试安排			服从 □		不服从 □		
	刀具、工具、量具的放置合理			合理 □		不合理 □		
	正确使用量具			好 □	一般 □		差 □	
	设备保养			好 □	一般 □		差 □	
	关机后机床停放位置合理			合理 □		不合理 □		
	发生重大安全事故、严重违反操作规程者取消考试资格			事故状态：				
	备注							
规范操作	开机前的检查和开机顺序正确			检查 □		未检查 □		
	正确回参考点			回参考点 □		未回参考点 □		
	工件装夹规范			规范 □		不规范 □		
	刀具安装规范			规范 □		不规范 □		
	正确对刀,建立工件坐标系			正确 □		不正确 □		
	正确设定换刀点			正确 □		不正确 □		
	正确校验加工程序			正确 □		个止确 □		
	正确设置参数			正确 □		不正确 □		
	自动加工过程中,不得开防护门			未开 □	开 □		次数 □	
	用手动加工情况			未用 □	用 □		次数 □	
	备注							
时间	开始时间			结束时间				

4.1.2 评分标准

序号	考核内容及要求		评分标准	配分	检测结果	扣分	得分	备注
1	$\phi 80$	IT	超差不得分	15				
		$Ra0.8$	降级不得分	6				
2	$\phi 50^{+0.062}_{0}$	IT	超差不得分	15				
		$Ra1.6$	降级不得分	4				
3	62	IT	超差不得分	10				
		$Ra3.2$	降级不得分	4				
4	$2\text{-}11.7^{+0.2}_{0}$		超差不得分	15				
5	12		超差不得分	6				
6	$5^{0}_{-0.04}$		超差不得分	6				
7	90°油沟		超差不得分	6				
8	形位公差3处		超差不得分	6				
9	倒角		错误不得分	3				
10	零件整个轮廓全部完成		未全部完成轮廓加工不得分	6				
检验员				复核		统分		

任务 4.2 定位压盖的加工

如图 4-2 所示为阀门上一定位压盖（注：6×ϕ13 均布孔已做好），试对其进行编程与加工。

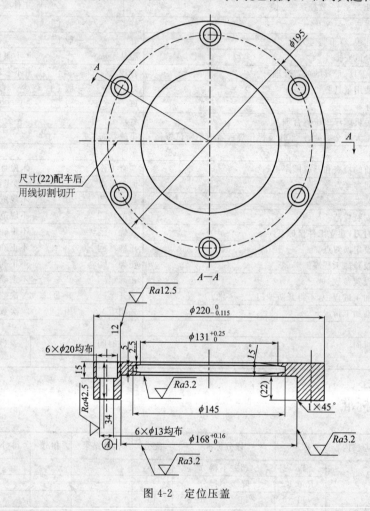

图 4-2 定位压盖

4.2.1 现场记录表

工种	数控车工	单位		准考证号			总得分	
实操时间	5h	数控系统		姓名			工件编号	
安全、文明生产	安全规范			好 □	一般 □		差 □	
	文明礼貌、尊重监考人员			好 □	一般 □		差 □	
	服从考试安排			服从 □			不服从 □	
	刀具、工具、量具的放置合理			合理 □			不合理 □	
	正确使用量具			好 □	一般 □		差 □	
	设备保养			好 □	一般 □		差 □	
	关机后机床停放位置合理			合理 □			不合理 □	
	发生重大安全事故、严重违反操作规程者取消考试资格			事故状态：				
	备注							

续表

工种	数控车工	单位		准考证号		总得分	
实操时间	5h	数控系统		姓名		工件编号	
规范操作	开机前的检查和开机顺序正确			检查 □		未检查 □	
	正确回参考点			回参考点 □		未回参考点 □	
	工件装夹规范			规范 □		不规范 □	
	刀具安装规范			规范 □		不规范 □	
	正确对刀,建立工件坐标系			正确 □		不正确 □	
	正确设定换刀点			正确 □		不正确 □	
	正确校验加工程序			正确 □		不正确 □	
	正确设置参数			正确 □		不正确 □	
	自动加工过程中,不得开防护门			未开 □	开 □	次数 □	
	用手动加工情况			未用 □	用 □	次数 □	
	备注						
时间	开始时间			结束时间			

4.2.2 评分标准

序号	考核内容及要求		评分标准	配分	检测结果	扣分	得分	备注
1	$\phi 168^{+0.16}_{0}$	IT	超差不得分	15				
		$Ra3.2$	降级不得分	4				
2	$6 \times \phi 13$	IT	超差不得分	10				
		$Ra12.5$	降级不得分	4				
3	$\phi 220^{0}_{-0.115}$		超差不得分	15				
			降级不得分	4				
4	5		超差不得分	4				
5	2.5		超差不得分	4				
6	$\phi 145$		超差不得分	6				
7	$15°$		超差不得分	4				
8	$\phi 131^{+0.25}_{0}$		超差不得分	16				
9	22		超差不得分	4				
10	倒角		错误不得分	4				
11	零件整个轮廓全部完成		未全部完成轮廓加工不得分	6				
检验员			复核		统分			

任务 4.3 气缸的加工

如图 4-3 所示,试对其进行编程与加工。

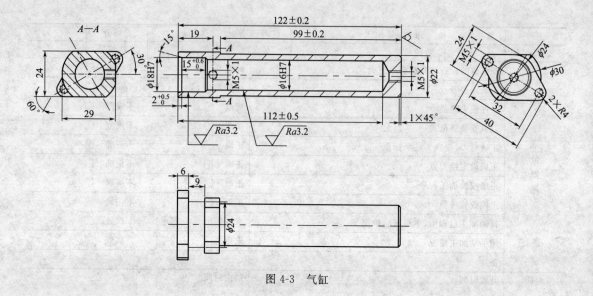

图 4-3　气缸

4.3.1　现场记录表

工种	数控车工	单位		准考证号			总得分	
实操时间	5h	数控系统		姓名			工件编号	
安全、文明生产	安全规范			好 □	一般 □		差 □	
	文明礼貌、尊重监考人员			好 □	一般 □		差 □	
	服从考试安排			服从 □		不服从 □		
	刀具、工具、量具的放置合理			合理 □		不合理 □		
	正确使用量具			好 □	一般 □		差 □	
	设备保养			好 □	一般 □		差 □	
	关机后机床停放位置合理			合理 □		不合理 □		
	发生重大安全事故、严重违反操作规程者取消考试资格			事故状态：				
	备注							
规范操作	开机前的检查和开机顺序正确			检查 □		未检查 □		
	正确回参考点			回参考点 □		未回参考点 □		
	工件装夹规范			规范 □		不规范 □		
	刀具安装规范			规范 □		不规范 □		
	正确对刀,建立工件坐标系			正确 □		不正确 □		
	正确设定换刀点			正确 □		不正确 □		
	正确校验加工程序			正确 □		不正确 □		
	正确设置参数			正确 □		不正确 □		
	自动加工过程中,不得开防护门			未开 □	开 □		次数 □	
	用手动加工情况			未用 □	用 □		次数 □	
	备注							
时间	开始时间			结束时间				

4.3.2 评分标准

序号	考核内容及要求		评分标准	配分	检测结果	扣分	得分	备注
1	$\phi16H7$	IT	超差不得分	8				
		Ra3.2	降级不得分	4				
2	$\phi18H7$	IT	超差不得分	8				
		Ra3.2	降级不得分	4				
3	$\phi22$		超差不得分	4				
4	122 ± 0.2		超差不得分	6				
5	122 ± 0.2		超差不得分	6				
6	112 ± 0.5		超差不得分	6				
7	$2^{+0.5}_{0}$		超差不得分	5				
8	$15^{+0.6}_{0}$		超差不得分	5				
9	倒角		错误不得分	2				
10	M5×1 三处		超差不得分	6				
11	29		超差不得分	2				
12	24		超差不得分	2				
13	2×R4		超差不得分	2				
14	$\phi30$		超差不得分	4				
15	$\phi24$		超差不得分	4				
16	32		超差不得分	4				
17	40		超差不得分	2				
18	9		超差不得分	2				
19	6		超差不得分	2				
20	倒角		超差不得分	2				
21	零件整个轮廓全部完成		未全部完成轮廓加工不得分	10				
检验员				复核		统分		

任务 4.4 套的加工

如图 4-4 所示阀门上一个套，试对其进行编程与加工。

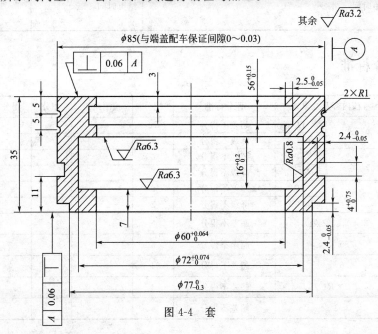

图 4-4 套

4.4.1 现场记录表

工种	数控车工	单位		准考证号		总得分	
实操时间	5h	数控系统		姓名		工件编号	
安全、文明生产	安全规范			好 □ 一般 □ 差 □			
	文明礼貌、尊重监考人员			好 □ 一般 □ 差 □			
	服从考试安排			服从 □ 不服从 □			
	刀具、工具、量具的放置合理			合理 □ 不合理 □			
	正确使用量具			好 □ 一般 □ 差 □			
	设备保养			好 □ 一般 □ 差 □			
	关机后机床停放位置合理			合理 □ 不合理 □			
	发生重大安全事故、严重违反操作规程者取消考试资格			事故状态：			
	备注						
规范操作	开机前的检查和开机顺序正确			检查 □ 未检查 □			
	正确回参考点			回参考点 □ 未回参考点 □			
	工件装夹规范			规范 □ 不规范 □			
	刀具安装规范			规范 □ 不规范 □			
	正确对刀，建立工件坐标系			正确 □ 不正确 □			
	正确设定换刀点			正确 □ 不正确 □			
	正确校验加工程序			正确 □ 不正确 □			
	正确设置参数			正确 □ 不正确 □			
	自动加工过程中，不得开防护门			未开 □ 开 □ 次数 □			
	用手动加工情况			未用 □ 用 □ 次数 □			
	备注						
时间	开始时间			结束时间			

4.4.2 评分标准

序号	考核内容及要求		评分标准	配分	检测结果	扣分	得分	备注
1	$\phi 60^{+0.064}_{0}$	IT	超差不得分	10				
		$Ra6.3$	降级不得分	4				
2	$\phi 72^{+0.074}_{0}$	IT	超差不得分	6				
		$Ra0.8$	降级不得分	2				
3	$\phi 77^{0}_{-0.3}$	IT	超差不得分	6				
		$Ra3.2$	降级不得分	2				
4	$2.4^{0}_{-0.05}$（2处）		超差不得分	6				
5	$2.5^{0}_{-0.05}$		超差不得分	6				
6	$5.6^{+0.15}_{0}$		超差不得分	4				
7	$2×R1$		超差不得分	4				
8	3		超差不得分	4				

续表

序号	考核内容及要求	评分标准	配分	检测结果	扣分	得分	备注
9	锐边倒棱	错误不得分	4				
10	7	超差不得分	4				
11	$16^{+0.2}_{0}$	超差不得分	4				
12	$\phi 85$	超差不得分	4				
13	$4^{+0.75}_{0}$	超差不得分	4				
14	5(2 处)	超差不得分	4				
15	11	超差不得分	4				
16	35	超差不得分	4				
17	未注形位公差 2 处	超差不得分	4				
18	零件整个轮廓全部完成	未全部完成轮廓加工不得分	10				
检验员			复核		统分		

任务 4.5 数控车工（中级）理论考试练习题及答案

数控车工（中级）理论考试练习题一

一、单项选择题（下列每题有 4 个选项，其中只有 1 个是正确的，请将其代号填写在（　　）内。共 40 题，每题 1 分）

1. 在装配图中不必要包含的内容是（　　）。

A. 一组视图　　　　B. 必要尺寸　　　　C. 零件序号和明细　　　　D. 零件的完整形状

2. 回转零件的对称中心线应采用（　　）线形来表示。

A. 粗实线　　　　B. 细实线　　　　C. 虚线　　　　D. 细点画线

3. 轴类零件用双中心孔定位时，能消除（　　）个自由度。

A. 5　　　　B. 4　　　　C. 3　　　　D. 6

4. 当加工形状复杂且数量较少的零件时，一般不设计专用夹具，而使用（　　）等一些车床附件。

A. 通用心轴　　　　B. 钻夹头　　　　C. 四爪单动卡盘　　　　D. 花盘、角铁

5. 夹紧力的三要素包括（　　）。

A. 夹紧力的变形、夹紧力的方向、夹紧力的作用点

B. 夹紧力的大小、夹紧力的方向、夹紧力的作用点

C. 夹紧力的大小、夹紧力的变形、夹紧力的作用点

D. 夹紧力的大小、夹紧力的方向、夹紧力的变形

6. 车刀的主偏角为（　　）时，它的刀头强度和散热性能最好。

A. 45°　　　　B. 90°　　　　C. 80°　　　　D. 75°

7. 偏刀按进给方向分（　　）两种。

A. 前偏刀、后偏刀　　　　　　　　B. 左偏刀、右偏刀

C. 上偏刀、下偏刀　　　　　　　　　　D. 外偏刀、内偏刀

8. 减小副偏角可以减小工件的（　　）。

A. 表面粗糙度值　　B. 精度　　　　　C. 硬度　　　　　　　D. 高度

9. 采用固定循环指令编程，可以（　　）。

A. 加快切削速度，提高加工质量　　　　B. 缩短程序的长度，减少程序所占内存

C. 减少换刀次数，提高切削速度　　　　D. 减小吃刀深度，保证加工质量

10. 用于机床开关的辅助功能的指令代码是（　　）。

A. F 代码　　　　　B. S 代码　　　　　C. M 代码　　　　　　D. T 代码

11. 使用恒线速控制功能加工时，对表面粗糙度没有影响的加工面是（　　）。

A. 端面　　　　　　B. 轴面　　　　　　C. 锥面　　　　　　　D. 圆弧面

12. 华中数控系统中属于非模态指令是（　　）。

A. G01　　　　　　B. G02　　　　　　C. G03　　　　　　　D. G04

13. 程序段 G92 X19 Z−20 I14 R-5 在 GSK980TA 数控系统中不属于模态的参数是（　　）。

A. G92　　　　　　B. Z−20　　　　　C. I14　　　　　　　D. R-5

14. 在内、外圆固定循环指令 G90 中，R 表示的值是（　　）值。

A. 直径　　　　　　B. 半径　　　　　　C. 长度　　　　　　　D. 坐标

15. 在 GSK980TD 数控系统中 G92 的 K 是指（　　）。

A. 螺纹退尾时在短轴方向的长度　　　　B. 螺纹退尾时在长轴方向的长度

C. 圆弧在 X 轴上的分量　　　　　　　D. 圆弧在 Z 轴上的分量

16. 下列指令中可以撤销刀具偏置的指令是（　　）。

A. T0001　　　　　B. T0100　　　　　C. T0101　　　　　　D. T1010

17. 当伺服机构碰到行程极限开关时，就会出现超程现象，此时应该按下（　　）按钮来处理。

A. 暂停　　　　　　B. 超程解除　　　　C. 复位　　　　　　　D. 运行

18. （　　）程序段为相对坐标编程。

A. G01 X200 Z50；　　　　　　　　　　B. G01 X100 Z10；

C. G01 U100 W−50；　　　　　　　　　D. G01 U100 Z50；

19. 对刀是（　　）前必须做的步骤。

A. 编程　　　　　　B. 加工　　　　　　C. 求坐标　　　　　　D. 回机械零点

20. 刀具半径左补偿指令是（　　）。

A. G39　　　　　　B. G40　　　　　　C. G41　　　　　　　D. G42

21. 选择某个程序时，数控车床操作应在（　　）方式下进行。

A. 自动　　　　　　B. 手动　　　　　　C. 编辑　　　　　　　D. 回零

22. 在 GSK980TA 数控系统的 MDI 页面下进行数据输入必须使用（　　）方式。

A. 编辑　　　　　　B. 手动　　　　　　C. 自动　　　　　　　D. 录入

23. 测量内孔深处的直径时一般使用（　　）。

A. 内测千分尺　　　B. 内径千分尺　　　C. 深度　　　　　　　D. 千分尺

24. 加工细长轴时采用（　　）能有效地减少工件的径向圆跳动。

A. 正向进给　　　　　　　　　　　　　B. 反向进给

C. 从中间向两边进给　　　　　　　　　D. 从两边向中间进给

25. 当螺距为 1.5~3.5 mm 时，外径一般可以小（　　）mm。

A. 0.1~0.3 　　　　　　　　　　　B. 0.2~0.4

C. 0.3~0.5 　　　　　　　　　　　D. 0.4~0.6

26. 在（　　）时必须采用左右切削法才能使螺纹的两侧面都获得较小的表面粗糙度值。

A. 车端面　　　　B. 精车米制螺纹　　C. 车外圆　　　　　D. 车内孔

27. 槽属于一个成形体件，一次切削能产生（　　）个表面。

A. 1　　　　　　　B. 2　　　　　　　C. 3　　　　　　　D. 4

28. 车槽刀主后角一般选择在（　　）之间。

A. 4°~6°　　　　B. 6°~8°　　　　C. 8°~10°　　　　D. 14°~16°

29. 标准麻花钻的螺旋角在（　　）之间。

A. 10°~32°　　　B. 18°~30°　　　C. 28°~50°　　　D. 90°~118°

30. 一般标准麻花钻的顶角为（　　）。

A. 30°　　　　　B. 60°　　　　　C. 90°　　　　　D. 118°

31. 以下属于量仪的是（　　）。

A. 百分表　　　　B. 钢尺　　　　　C. 量块　　　　　D. 卷尺

32. 以下测量器具中没有刻度的是（　　）。

A. 游标量具　　　B. 螺旋测微量具　　C. 测微表类量仪　　D. 通止规

33. 测量孔径为 19 mm 的工件需要使用测量范围为（　　）mm 的内径千分尺。

A. 5~30　　　　B. 0~25　　　　C. 25~50　　　　D. 50~75

34. 千分尺用于测量工件的（　　）。

A. 深度　　　　　B. 外圆　　　　　C. 内孔　　　　　D. 螺纹中径

35. 孔径较小时，数控车床大多采用（　　）的方案。

A. 钻　　　　　　B. 扩　　　　　　C. 铰　　　　　　D. 钻、扩、铰

36. 用扩孔钻加工，一般的表面粗糙度值可以达到（　　）μm 左右。

A. $Ra12.5$　　　B. $Ra6.3$　　　C. $Ra3.2$　　　D. $Ra1.6$

37. 内测千分尺用于测量工件的（　　）。

A. 深度　　　　　B. 外圆　　　　　C. 孔口直径　　　　D. 螺纹中径

38. 数控机床维护保养的主要目的是（　　）。

A. 保持机床整洁外观　　　　　　　B. 给操作者提供良好的工作环境

C. 延长机床无故障时间　　　　　　D. 提高机床的性能

39. 数控车床维护保养要求是：通过维护保养，必须达到整洁、清洁、润滑和（　　）。

A. 稳定　　　　　B. 高速度　　　　C. 高效率　　　　D. 安全

40. 下列属于每日例行保养内容的是（　　）。

A. 导轨润滑　　　　　　　　　　　B. 清理冷却水箱

C. 更换主轴箱机油　　　　　　　　D. 调整主轴精度

二、判断题 （下列判断正确的请在括号内打"√"，错误的请在括号内打"×"。共 30 题，每题 1 分）

1. 装配图不仅表达了部件的工作原理、各零件的装配关系，而且反映了主要零件的形状结构。（　　）

2. 零件图是直接指导制造过程和检验零件的图样。（　　）

3. 孔的形状精度主要有圆度和圆柱度。（　　　）

4. 在一个程序中可以用绝对值编程也可以用相对值编程。（　　　）

5. 顶尖不能用在数控车床上。（　　　）

6. 在切削过程中，刀具切削部分将承受切削力、切削热的作用，同时与工件及切屑间产生剧烈的摩擦，因而发生磨损。（　　　）

7. 梯形螺纹一般是用三针测量法测量螺纹的中径。（　　　）

8. 精车时要求车刀锋利，切削刃平直光洁，刀尖处必要时还可磨修光刃。（　　　）

9. 子程序与子程序之间不能互相调用。（　　　）

10. T 代码是指刀具功能。（　　　）

11. 非模态指令是指仅在本程序段内有效的指令。（　　　）

12. 手工编程适用于几何形状较为简单的零件，或形状较复杂但可以利用固定循环指令简化编程的零件。（　　　）

13. M02 是主程序结束指令。（　　　）

14. 在编程时一般采用 mm 为单位，但也有时以 μm 为单位。（　　　）

15. 一个主程序中只能有一个子程序。（　　　）

16. 数控车床因采用的数控系统不同，其操作方法既有许多相似之处，也互有区别。（　　　）

17. GSK980TA 数控系统中最小的移动量是 0.001 mm。（　　　）

18. 当一次装夹加工多个相同的工件时可以采用子程序来简化程序。（　　　）

19. 确定加工起点的作用是使刀尖点与程序中的加工起点坐标一致。（　　　）

20. 先近后远加工原则是指离对刀点近的部分先加工，离对刀点远的点后加工，以便缩短刀具的移动距离，减少空行程。（　　　）

21. 加工既有内孔又有外圆的工件，安排加工顺序时，应先进行内孔和外圆的粗加工，后进行内孔和外圆的精加工。（　　　）

22. 工件外圆加工后外径比加工前外径要大。（　　　）

23. 工件内孔加工后孔径比加工前孔径要小。（　　　）

24. 取样长度是指用以判别具有表面粗糙度特征的一段基准线长度。（　　　）

25. 评定长度是指评定表面轮廓粗糙度所必需的一段长度。（　　　）

26. 燕尾槽是常见的端面槽之一。（　　　）

27. 车槽刀前面为副切削刃，两侧为主切削刃。（　　　）

28. 高速切削螺纹时，为了防止切屑拉毛螺纹侧表面，不宜采用左右切削法。（　　　）

29. 高速车削三角螺纹时，车螺纹前的外圆直径应比螺纹的大径大。（　　　）

30. 对有裂纹、破损的砂轮，或者砂轮轴与砂轮孔配合不好的砂轮，可以酌情使用（　　　）。

三、简答题（共 4 题，每题 5 分）

1. 简述车刀前角对工件切削及刀具的影响。

2. 什么叫做对刀？

3. 一个完整的测量过程应该包括的四方面要素是什么？

4. 在日常保养中，试分析机床润滑不良时会造成哪些后果。

四、编程题（共 1 题，10 分）

请按照图 4-5 编写加工程序。

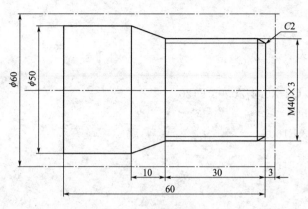

图 4-5　编程题图样

数控车工 （中级） 理论考试练习题一参考答案

一、单项选择题

1. D　2. D　3. A　4. D　5. B　6. D　7. B　8. A　9. B　10. C　11. B　12. D
13. C　14. B　15. B　16. B　17. B　18. C　19. B　20. C　21. C　22. D　23. A
24. B　25. B　26. B　27. C　28. A　29. B　30. D　31. A　32. D　33. A　34. B
35. D　36. B　37. C　38. C　39. D　40. A

二、判断题

1. √　2. √　3. √　4. √　5. ×　6. √　7. √　8. √　9. ×　10. √　11. √　12. √
13. √　14. √　15. ×　16. √　17. √　18. √　19. √　20. √　21. √　22. ×　23. ×
24. √　25. ×　26. √　27. ×　28. √　29. ×　30. ×

三、简答题

1. 答：增大前角，可减小前刀面挤压切削层时的塑性变形，减小切屑流经前刀面的摩擦阻力，从而减小切削力和切削热。但增大前角，同时会降低切削刃的强度，减小刀头的散热体积。

2. 答：对刀是确定加工中实际使用的刀具与理想刀具之间的偏差的过程。

3. 答：一个完整的测量过程应该包括的四方面要素是：被测对象、测量单位、测量方法、测量误差。

4. 答：（1）缩短机床各部件的使用寿命。

（2）机床会出现爬行现象。

（3）在加工时机床会出现过载现象。

（4）机械卡死。

（5）机床温升、噪声增大。

四、编程题

%554

M03 S600 T0101 （端面刀）

G00 X62 Z5

G80 X0 Z1 F120

Z0

G00 X100 Z50

T0202（外圆车刀）

G00 X62 Z2

G71 U2 R11 P1 Q2 X0.4 Z0.05 F120

N1 G00 X32 S1500

G01 X39.8 Z-2 F100

Z-30

X50 Z-40

Z-62

N2 X62

G00 X100 Z150

T0303（螺纹刀）

G00 X44 Z5

G82 X 39.1 Z-30 F3

X38.2 Z-30

X37.6 Z-30

X37 Z-30

X36.6 Z-30

X36.2 Z-30

X36 Z-30

X35.9 Z-30

G00 X100 Z150

M05

M30

数控车工 （中级） 理论考试练习题二

一、单项选择题（下列每题有 4 个选项，其中只有 1 个是正确的。请将其代号填写在（　　）空白处。共 40 题，每题 1 分）

1. 对平面不可以提出的公差项目是（　　）。

A. 位置度　　　　　B. 平行度　　　　　C. 圆跳动　　　　　D. 倾斜度

2. 在细长轴加工中，不能改善加工精度和表面质量的工艺措施是（　　）。

A. 改进工件装夹方法　　　　　　B. 采用跟刀架

C. 采用无进给磨削　　　　　　　D. 提高主轴转速

3. 数控加工编程的步骤是（　　）。

A. 加工工艺分析、数学处理、编写程序清单、程序校验和首件试切、制备控制介质

B. 加工工艺分析、数学处理、编写程序清单、制备控制介质、程序校验和首件试切

C. 加工工艺分析、编写程序清单、数学处理、制备控制介质、程序校验和首件试切

D. 程序校验和首件试切、制备控制介质、加工工艺分析、编写程序清单、数学处理

4. 三爪自定心卡盘适用于装夹（　　）。

A. 外形规则的中、小型工件　　　　B. 外形不规则的中、小型工件

C. 大型或形状不规则的工件　　　　D. 大型的工件

5. （　　）的缺点是由于受螺纹牙型误差的影响，定位精度一般不高。

A. 螺纹心轴　　　B. 圆锥心轴　　　C. 花键心轴　　　D. 圆柱心轴

6. 下列刀具材料中硬度最高的是（　　）。

A. 碳化物　　　B. 中碳钢　　　C. 高速钢　　　D. 高碳钢

7. 90°车刀又称（　　）。

A. 偏刀　　　B. 圆弧刀　　　C. 切断刀　　　D. 螺纹刀

8. 一般右偏刀车削平面时是用（　　）切削的。

A. 副切削刃　　　　　　　　　　B. 主切削刃

C. 主切削刃和副切削刃　　　　　D. 主切削刃和过渡刃

9. 数控机床坐标系的 Z 轴一般（　　）。

A. 垂直于机床主轴轴线方向　　　　B. 平行于机床主轴轴线方向

C. 倾斜于机床主轴轴线方向　　　　D. 平行于工件定位面方向

10. 车床数控系统设定工件坐标系的指令是（　　）。

A. G50　　　B. G00　　　C. G90　　　D. G91

11. GSK980TA 数控系统中返回机械原点指令是（　　）。

A. G26　　　B. G27　　　C. G28　　　D. G29

12. 使用 G99 指令设定后，进给速度 F 的单位是（　　）。

A. mm/min　　　B. mm/r　　　C. m/min　　　D. m/r

13. 以下属于混合编程的是（　　）。

A. G01 X10 Z−20；　　　　　　B. G02 U20 W−10 R10；

C. G01 X32 W−5；　　　　　　D. G00 X100 Z50；

14. 单一螺纹切削固定循环指令是（　　）。

A. G90　　　B. G92　　　C. G94　　　D. G70

15. GSK980TD 数控系统中 G73 U1.5 W1.5 R4 表示循环次数是（　　）次。

A. 4000　　　B. 400　　　C. 40　　　D. 4

16. 辅助功能中与主轴有关的 M 指令是（　　）。

A. M06　　　B. M09　　　C. M08　　　D. M05

17. 当程序被锁住时也可以进行（　　）。

A. 修改程序　　　B. 编辑程序　　　C. 删除程序　　　D. 零件的加工

18. GSK980TA 数控系统中程序号的范围是（　　）。

A. 0～9999　　　B. 1～9999　　　C. 1～99　　　D. 0～99

19. 对刀时若用刀具试切工件端面则表示对（　　）轴方向刀具偏置尺寸。

A. X　　　B. Y　　　C. Z　　　D. C

20. 编程坐标系是编程序时使用的坐标系，一般使（　　）轴与工件轴线重合。

A. X　　　B. Y　　　C. Z　　　D. A

21. 数控车床加工调试中遇到问题想停机应先停止（　　）。

A. 切削液　　　B. 主运动　　　C. 进给运动　　　D. 辅助运动

22. GSK980TA 数控系统中设置最小行程范围时参数的单位是（　　）mm。

A. 0.001　　　　B. 0.01　　　　C. 0.1　　　　D. 1

23. 一次装夹车削可获得较高的（　　）。

A. 形状精度　　　B. 位置精度　　　C. 形位精度　　　D. 表面质量

24. 外圆表面的加工方法主要有（　　）。

A. 车削和磨削　　B. 车削和刨削　　C. 车削和铣削　　D. 磨削和铣削

25. 螺距在 4 mm 以上的矩形螺纹，先用（　　）粗车，两侧各留 0.2～0.4 mm 余量。再用精车刀采用直进法精车。

A. 直进法　　　　B. 左右切削法　　C. 斜进法　　　　D. 车阶梯槽法

26. 车削大螺距的矩形螺纹时，粗车时用刀头宽度较小的车刀采用（　　）切削，精车时用两把类似左、右偏刀的精车刀，分别精车螺纹的两侧面。

A. 直进法　　B. 左右切削法　　C. 斜进法　　　D. 车阶梯槽法

27. 英制螺纹的角度是（　　）。

A. 30°　　　　　B. 55°　　　　　C. 60°　　　　　D. 80°

28. 梯形螺纹的角度是（　　）。

A. 30°　　　　　B. 55°　　　　　C. 60°　　　　　D. 80°

29. 加工精度要求较高的槽，其切刀的宽度尺寸应（　　）实际槽宽尺寸 1～2 mm。

A. 大于　　　　　B. 等于　　　　　C. 小于　　　　　D. 不等于

30. 槽通常分为（　　）三类。

A. 内孔槽、外圆槽和端面槽　　　　B. 内孔槽、外圆槽和退刀槽

C. 内孔槽、退刀槽和端面槽　　　　D. 退刀槽、外圆槽和端面槽

31. 常用游标卡尺的精度是（　　）mm。

A. 0.01　　　　　B. 0.02　　　　　C. 0.001　　　　D. 0.002

32. 常用千分尺的精度是（　　）mm。

A. 0.01　　　　　B. 0.02　　　　　C. 0.001　　　　D. 0.002

33. 测量器具可以按结构复杂程度分为量具和（　　）。

A. 量规　　　　　B. 量杯　　　　　C. 量仪　　　　　D. 直尺

34. 螺纹千分尺是一种用于测量螺纹（　　）的量仪。

A. 大径　　　　　B. 中径　　　　　C. 小径　　　　　D. 公称直径

35. 螺纹的综合测量法是用（　　）对螺纹各主要参数进行综合性测量。

A. 螺纹量规　　　B. 螺纹千分尺　　C. 直尺　　　　　D. 游标卡尺

36. 使用圆锥量规检验工件时，当工件的端面位于圆锥量规台阶（　　）才算合格。

A. 之间　　　　　B. 之前　　　　　C. 之后　　　　　D. 任意位置

37. 微测类量仪的读数可以精确到（　　）mm。

A. 0.01　　　　　B. 0.02　　　　　C. 0.001　　　　D. 0.002

38. 水溶液是在水中加入防锈添加剂，添加剂主要起（　　）作用。

A. 清洗　　　　　B. 防锈　　　　　C. 润滑　　　　　D. 冷却

39. 数控车床日常保养中，导轨应选用（　　）更合理。

A. 锂基脂润滑油　B. 46 号机械油　C. 锭子油　　　　D. 钙基脂润滑油

40. GSK980T 数控系统出现"05 换刀时间过长"报警，不可能的原因是（　　）。

A. 系统故障　　　　　　　　　　　　B. 反馈信号断路

C. 检测装置烧坏　　　　　　　　D. 驱动器故障

二、判断题（下列判断正确的请在括号内打"√"，错误的请在括号内打"×"。共30题，每题1分）

1. 零件尺寸根据其在零件图中的作用可以分为定形尺寸、定位尺寸和总体尺寸三类。（　　）

2. 圆钢和锻件通常作为轴类零件的毛坯。在台阶轴上各外圆直径相差较大时，常选用圆钢作为毛坯。（　　）

3. 零件的加工程序不是由程序段组成的。（　　）

4. 单动卡盘找正比较费时，但夹紧力较大。所以适用于装夹大型或形状不规则的工件。（　　）

5. 当定位点少于工件应该限制的自由度，使工件不能正确定位时，称为欠定位。（　　）

6. 使用百分表时，无论被测表面的几何形状如何，测量杆与被测表面相接触就可以测量。（　　）

7. 工件材料的强度、硬度越高，导热性越差，刀具磨损越快，刀具寿命越长。（　　）

8. 子程序起着简化程序的作用。（　　）

9. 程序段号用字母 N 来表示。（　　）

10. 程序段号用字母 K 来表示。（　　）

11. 手工编程是程序编制的方法之一。（　　）

12. M 代码分为模态代码和非模态代码。（　　）

13. 数控车床最基本的功能是直线、圆弧和螺纹加工。（　　）

14. G00、G01 指令都能使机床坐标轴准确到位，因此它们都是插补指令。（　　）

15. 在 GSK980TA 数控系统中公用变量的用途是用于改变刀具补偿。（　　）

16. GSK980TA 数控系统在修改参数时必须打开参数开关。（　　）

17. 当 G94 循环加工的次数较多时应采用 G76 来简化程序。（　　）

18. 对刀时刀具直接对工件进行切削的对刀方法叫试切对刀。（　　）

19. 三角形循环方式进行粗车是较为常用的粗车方法之一。（　　）

20. 在生产现场测量孔的圆柱度时，只要在孔的全长上取前、后、中几点，比较其测量值，其最大值与最小值之差的一半即为孔全长上圆柱度误差。（　　）

21. 要求较高并需要磨削外圆和端面的零件轴肩常用 45°槽或外圆端面槽。（　　）

22. 左右切削法和斜进法常在车削较小螺距的螺纹时使用。（　　）

23. 用扩孔工具扩大工件孔径的方法称为钻孔。（　　）

24. 通止规是一种没有刻度的专用检验工具。（　　）

25. 检测仅是零件加工的最终工序，在加工和装配过程中是可以缺少的工序。（　　）

26. 轮廓算术平均偏差是指在取样长度内轮廓偏距绝对值的算术平均值。（　　）

27. 极限规是一种没有刻度的专用检验工具。（　　）

28. 使用极限规不能测出零件几何参数的数值，只能判断被测量是否合格。（　　）

29. 进口机床与国产机床相比较，保养要求更高，只能由专业人员来进行日常保养。（　　）

30. 机床工作开始前需要预热，认真检查润滑系统是否正常，如机床长时间未动过，可先用手动方式向各部位供油润滑。（　　　）

三、简答题（共 4 题，每题 5 分）

1. 简述常用车刀材料必须具备的基本性能。

2. 对刀主要的作用是什么？

3. 常用的量仪有哪些（举三个例子）？

4. 简述数控车床开机过程注意事项。

四、编程题（共 1 题，10 分）

请按照图 4-6 编写加工程序。

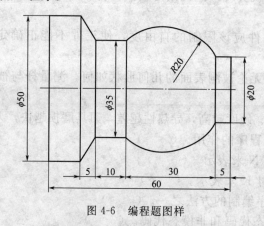

图 4-6　编程题图样

数控车工（中级）理论考试练习题二参考答案

一、单项选择题

1. C　2. D　3. B　4. A　5. A　6. A　7. A　8. A　9. B　10. A　11. C　12. B
13. C　14. B　15. D　16. D　17. D　18. A　19. C　20. C　21. C　22. A　23. C
24. A　25. A　26. A　27. B　28. C　29. C　30. A　31. B　32. A　33. C　34. B
35. A　36. A　37. C　38. B　39. B　40. D

二、判断题

1. √　2. ×　3. ×　4. √　5. √　6. ×　7. √　8. √　9. √　10. ×　11. √　12. ×
13. √　14. ×　15. ×　16. √　17. ×　18. √　19. √　20. √　21. √　22. ×　23. ×
24. √　25. ×　26. √　27. √　28. √　29. ×　30. √

三、简答题

1. 答：常用车刀材料必须具备的基本性能有：硬度高，耐磨性、强度和韧性、耐热性、加工性好。

2. 答：对刀的主要作用是获得基准刀程序起点的机床坐标和确定非基准刀相对于基准刀的刀偏值。

3. 答：常用的量仪有游标卡尺、千分尺、百分表等。

4. 答：（1）严格按机床说明书中的开机顺序进行操作。

（2）一般情况下开机过程中必须先进行回机床参考点操作，建立机床坐标系。

（3）开机后让机床空运转 15 min 以上，使机床达到平衡状态。

（4）关机以后必须等待 5 min 以上才可以进行再次开机，没有特殊情况不得随意频繁进行开机或关机操作。

四、编程题

```
%558
T0101
M3 S500
G00 X54 Z2：
G71 U1.5 R1 P1 Q2 X0.4 Z0.05 F120
N1 G00 X20 S1500
G01 Z−5
G03 X35 W−30 R20
G01 W−10
X50 W−5
Z−61
N2 X54
G00 X100 Z150
M05
M30
```

数控车工（中级）理论考试练习题三

一、填空题（每空 1 分，共 20 分）

1. 切削三要素用量包括_____、_____和_____。

2. 1 英寸等于_____ mm。

3. 切削液的作用包括_____作用、_____作用、_____作用和_____作用。

4. 数控机床按控制功能特点分为：_____、_____和_____。

5. 国际上通常的数控代码是_____和_____。

6. 常用的两种工具圆锥是_____和_____。

7. APC 的含义是_____；AWC 的含义是_____。

8. 在数控系统中，按插补输入的标量不同，有数字脉冲增量法和数据采样法。数字脉冲增量法是以_____为标量的，而数据采样法是以_____为标量的。

9. 确定机床主轴转速的计算公式是_____。

二、单项选择题（将正确答案的标号写在括号内，每小题 1.5 分，共 30 分）

1. 保持工作环境清洁有序不正确的是（　　）。

A. 整洁的工作环境可以振奋职工精神　　B. 优化工作环境

C. 工作结束后再清除油污　　D. 毛坯、半成品按规定堆放整齐

2. 职业道德基本规范不包括（　　）。

A. 爱岗敬业忠于职守　　B. 服务群众奉献社会

C. 搞好与他人的关系 D. 遵纪守法廉洁奉公

3. 违反安全操作规程的是（　　）。

A. 执行国家劳动保护政策 B. 可使用不熟悉的机床和工具

C. 遵守安全操作规程 D. 执行国家安全生产法令、规定

4. 刀具材料中，制造各种结构复杂的刀具应选（　　）。

A. 碳素工具钢 B. 合金工具钢

C. 高速工具钢 D. 硬质合金

5. 增大刀具的前角，切屑（　　）。

A. 变形大 B. 变形小 C. 很小 D. 无法确定

6. 对应每个刀具补偿号，都有一组偏置量 X、Z，刀具半径补偿量 R 和刃尖（　　）号 T。

A. 方位 B. 编 C. 尺寸 D. 补偿

7. 子程序 M98 P_ L_ 中（　　）为重复调用子程序的次数。若省略，表示只调用一次。

A. 空格 B. M98 C. P D. L

8. 由主切削刃直接切成的表面叫（　　）。

A. 切削平面 B. 切削表面 C. 已加工 D. 待加工面

9. （　　）的主要作用是减少后刀面与切削表面之间的摩擦。

A. 前角 B. 后角 C. 螺旋角 D. 刃倾角

10. 切断时防止产生振动的措施是（　　）。

A. 适当增大前角 B. 减小前角 C. 增加刀头宽度 D. 提高切削速度

11. 精加工时加工余量较小，为了提高生产率，应选择（　　）大些。

A. 进给量 B. 切削深度 C. 切削速度 D. 主轴转速

12. 辅助功能指令主要用于机床加工操作时的（　　）性指令。

A. 工艺 B. 规范 C. 选择 D. 判断

13. 产生加工硬化的主要因素是由于（　　）。

A. 前角太大 B. 刀尖圆弧半径大 C. 工件材料硬 D. 刀刃不锋利

14. （　　）由百分表和专用表架组成，用于测量孔的直径和孔的形状误差。

A. 外径百分表 B. 杠杆百分表 C. 内径百分表 D. 杠杆千分尺

15. Z 方向的工件坐标（　　）可以根据技术要求，设在右端面或设在左端面，也可以设在其他位置。

A. 终点 B. 零点 C. 数值 D. 参考点

16. 标准麻花钻的顶角为（　　）。

A. 60° B. 90° C. 118° D. 120°

17. 积屑瘤在切削速度为（　　）时最易产生。

A. 低速 B. 中速 C. 高速 D. 等速

18. 精车铸铁工件应选用（　　）牌号的硬质合金。

A. YT15 B. YT30 C. YG3 D. YG8

19. 删除程序操作步骤：①选择 EDIT、方式；②按"PRGRM"键，输入要删除的程序号；③按"（　　）"键。可以删除此程序号内的程序。

A. DELET B. AUX C. OPR D. POS

20. 调整数控机床的进给速度直接影响到（　　）。

A. 加工零件的粗糙度和精度、刀具和机床的寿命、生产效率

B. 加工零件的粗糙度和精度、刀具和机床的寿命

C. 刀具和机床的寿命、生产效率

D. 生产效率

三、判断题（正确的画"√"，错误的画"×"。每小题 1 分，共 20 分）

1. 数控编程有绝对值和增量值编程，使用时不能将它们放在一个程序段内。（　　）

2. 职业道德的实质内容是建立全新的社会主义劳动关系。（　　）

3. 通常在命名或编程时，不论何种机床，都一律假定工件静止刀具移动。（　　）

4. X 坐标的圆心坐标符号一般用 K 表示。（　　）

5. 具有高度的责任心要做到工作勤奋努力，精益求精，尽职尽责。（　　）

6. 螺纹指令 G32 X41.0　W−43.0　F1.5 是以每分钟 1.5mm 的速度加工螺纹。（　　）

7. 在数控加工中，如果圆弧指令后的半径遗漏，则圆弧指令作直线指令执行。（　　）

8. 车床的进给方式分每分钟进给和每转进给两种，一般可用 G94 和 G95 区分。（　　）

9. 标准麻花钻的横刃斜角为 50°～55°。（　　）

10. 高速钢与硬质合金相比，具有硬度较高，红硬性和耐磨性较好等优点。（　　）

11. 选择合理的刀具几何角度以及适当的切削用量都能大大提高刀具的使用寿命。（　　）

12. 车刀刀尖圆弧增大，切削时径向切削力也增大。（　　）

13. 加工表面上残留面积越大、高度越高，则工件表面粗糙度越大。（　　）

14. 车削外圆柱面和车削套类工件时，它们的切削深度和进给量通常是相同的。（　　）

15. 积屑瘤的产生在精加工时要设法避免，但对粗加工有一定的好处。（　　）

16. 工艺尺寸链中，组成环可分为增环和减环。（　　）

17. 数控机床上的 F、S、T 就是切削三要素。（　　）

18. 使用千分尺前，应做归零检验。（　　）

19. 在程序中 F 只能表示进给速度。（　　）

20. 在程序中，X、Z 表示绝对地址，U、W 表示相对坐标地址。（　　）

四、简答题（每小题 4 分，共 20 分）

1. 数控加工编程的主要内容有哪些？

2. 数控工艺分析的目的是什么？包括哪些内容？

3. 车削不锈钢工件时，应采取哪些措施？

4. 有一件 45 钢制作的杆状零件，要求 40～44HRC，公差±0.5，留有 1mm 加工余量，经淬火后，硬度为 57～60HRC，翘曲达 4mm，用什么热处理操作才好呢？

5. 什么是刀具前角？它的作用是什么？

五、编程题（共 10 分）

如图 4-7 所示，毛坯材料：45 钢，规格 ϕ40×90，要求：

1. 精加工余量 0.3mm；

2. 精加工进给率 F0.1，粗加工进给率 F0.3（mm/r）；

3. 粗加工主轴转速 500r/min，精加工主轴转速 1000r/min；

4. 粗加工每次进刀 1mm，退刀 0.5mm；

5. 未注倒角 2×45°。

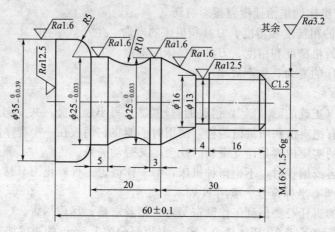

图 4-7　编程题图样

数控车工（中级）理论考试练习题三参考答案

一、填空题

1. 切削速度　进给量　背吃刀量；2. 25.4；3. 冷却　润滑　清洗　防锈；4. 点位控制　直线控制　轮廓控制；5. ISO　EIA；6. 莫氏圆锥　米制圆锥；7. 自动托盘交换（或　自动工作台交换装置）　自动工件交换；8. 行程时间；9. $n = 1000v/\pi D$

二、单项选择题

1. C　2. C　3. B　4. C　5. B　6. A　7. D　8. B　9. B　10. A　11. C
12. A　13. D　14. C　15. B　16. C　17. B　18. D　19. A　20. A

三、判断题

1. ×　2. ×　3. √　4. ×　5. √　6. ×　7. ×　8. √　9. √　10. ×　11. √
12. √　13. √　14. ×　15. √　16. √　17. √　18. √　19. ×　20. √

四、简答题

1. 答：数控加工编程的主要内容有分析零件图，确定工艺路线过程及工艺路线、计算刀具轨迹的坐标值，编写加工程序，程序输入数控系统，程序校验及首件试切等。

2. 答：在数控机床上加工零件，首先应根据零件图样进行工艺分析、处理，编制加工工艺，然后再编制加工程序。它包括的主要内容有切削用量、工步的安排、进给路线、加工余量、刀具的尺寸及型号等。

3. 答：（1）选用硬度高、抗黏附性强、强度高的刀具材料，如 YW1、YW2 的硬质合金；（2）单刀采用较大的前角和后角，采用圆弧形卷屑槽，使排屑流畅，易卷屑折断；（3）进给量不要太小，切削速度不宜过高；（4）选用抗黏附性和散热性能好的切削液，如硫化油或硫化油加四氯化碳，并增大流量。

4. 答：此零件为 45 钢，应该在水中淬火，得到 57～60HRC 高硬度后，应在 300℃ 以上较高温回火，降低部分硬度，达到 40～44HRC，翘曲 4mm 已超过允许的公差 ±0.5，应通过校直工序将它调整到公差尺寸范围内才可。

5. 答：前刀面与基面间的夹角称为前角。前角影响刃口的锋利程度和强度，影响切削变形和切削力。前角增大能使车刀刃口锋利，减少切削变形，可使切削省力，并使切屑顺利排出，负前角能增加切削刃的强度并耐冲击。

五、编程题 (答案不唯一，仅供参考)

1. 设备选用

数控车床型号 C2-6136HK/1 数控车床，四工位立式刀架，配置 HNC-21T 华中世纪星数控系统。

2. 刀具设置

T1：93°外圆粗车刀；T2：93°外圆精车刀；T3：4mm 宽切槽刀；T4：60°外螺纹车刀。

3. 制定加工工艺方案

工件坐标原点设在右端面与轴线的交点。

(1) 用 T1 刀车工件端面、粗车外轮廓；

(2) 用 T2 刀精车外轮廓；

(3) 用 T3 刀切螺纹退刀槽；

(4) 用 T4 刀车外螺纹。

4. 编写加工程序

%1245

T0101：

M03 S500

G00 X44 Z2 M08

G71 U1 R1 P10 Q20 X0.3Z0.05 F120

G00 X100 Z150

T0202

N10 G00 X8 F100 S1500

G01 X15.8 Z−1.9

Z−20；

X25 Z−30

Z−33

G02 Z−45 R10

G01 Z−50

G03 X35 Z−55 R5

G01 Z−65

N20 X38

G00 X100 Z100

T0303

M03 S500

G00 X26 Z−20

X18

G01 X13 F60

G04 P2

G01 X20 F500

G00 X100 Z100

T0404

S1000

G00 X20 Z5

G82 X15.2 Z—17.5 F1.5

X14.6 Z—17.5

X14.2 Z—17.5

X14.05 Z—17.5

X13.95 Z—17.5

X13.9 Z—17.5

G00 X100 Z150

M05

M09

M30

任务 4.6 数控车工（中级）实操考试练习题及答案

1. 数控车中级工练习题 1

（1）零件图

数控车中级工练习题 1 零件图如图 4-8 所示。

（2）评分表

数控车中级工练习题 1 评分表如表 4-1 所示。

（3）考核目标及操作提示

1）考核目标

① 掌握一般轴类零件的程序编制。

② 能合理采用一定的加工技巧来保证加工精度。

③ 培养学生综合应用的能力。

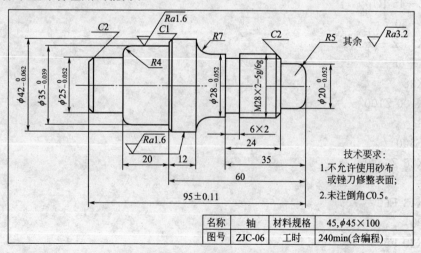

图 4-8 数控车中级工练习题 1 零件图

2）加工操作步骤

如图 4-8 所示，加工该零件时一般先加工零件左端，后调头加工零件右端。加工零件左端时，编程零点设置在零件左端面的轴心线上，程序名为％ZC6Z。加工零件右端时，编程零点设置在零件右端面的轴心线上，程序名为％ZC6Y。

零件左端加工步骤如下。

① 夹零件毛坯，伸出卡盘长度 54mm。

② 车端面、对刀。

③ 粗、精加工零件左端轮廓至 ϕ42mm×48mm。

④ 回换刀点，程序结束。

零件右端加工步骤如下。

① 夹 ϕ35mm 外圆。

② 车端面、对刀。

③ 粗、精加工右端轮廓至尺寸要求。

④ 切槽 6mm×2mm 至尺寸要求。

⑤ 粗、精加工螺纹至尺寸要求。

⑥ 回换刀点，程序结束。

3）注意事项

① 零件调头加工时，注意装夹位置。

② 合理选择切削用量，提高加工质量。

4）编程、操作加工时间。

① 编程时间：60min（占总分 25％）。

② 操作时间：180min（占总分 75％）。

（4）工、量、刃具清单

数控车中级工练习题 1 工、量、刃具清单如表 4-2 所示。

（5）参考程序（华中数控世纪星）

刀具说明：1 号：外圆粗切车刀。2 号：外圆精切车刀。3 号：切槽、切断车刀。4 号：60°螺纹车刀。

表 4-1　数控车中级工练习题 1 评分表

单位			准考证号			姓名		
检测项目		技术要求		配分	评分标准		检测结果	得分
外圆	1	$\phi 42_{-0.062}^{0}$	$Ra1.6$	6/4	超差 0.01 扣 3 分、降级无分			
	2	$\phi 35_{-0.039}^{0}$	$Ra1.6$	6/4	超差 0.01 扣 3 分、降级无分			
	3	$\phi 28_{-0.052}^{0}$	$Ra3.2$	4/2	超差、降级无分			
	4	$\phi 25_{-0.052}^{0}$	$Ra3.2$	4/2	超差、降级无分			
	5	$\phi 20_{-0.052}^{0}$	$Ra3.2$	4/2	超差、降级无分			
圆弧	6	$R7$	$Ra3.2$	4/2	超差、降级无分			
	7	$R5$	$Ra3.2$	4/2	超差、降级无分			
	8	$R4$	$Ra3.2$	4/2	超差、降级无分			
螺纹	9	M28×2-5g/6g	大径	6	超差、降级无分			
	10	M28×2-5g/6g	中径	6	超差 0.01 扣 4 分			
	11	M28×2-5g/6g	两侧 $Ra3.2$	4	降级无分			
	12	M28×2-5g/6g	牙型角	3	不符合无分			

续表

单位			准考证号		姓名		
检测项目	技术要求			配分	评分标准	检测结果	得分
沟槽	13	6×2	两侧 Ra3.2	2/2	超差、降级无分		
长度	14	55	两侧 Ra3.2	3/2	超差无分		
	15	60		3	超差无分		
	16	35		3	超差无分		
	17	24		3	超差无分		
	18	20		3	超差无分		
	19	12		3	超差无分		
倒角	20	C2		2	不符合无分		
	21	C1		2	不符合无分		
	22	未注倒角		3	不符合无分		
其他	23	工件完整	工件必须完整,工件局部无缺陷(如夹伤、划痕等)				
	24	程序编制	有严重违反工艺规程的取消考试资格,其他问题酌情扣分				
	25	加工时间	100min后尚未开始加工则终止考试,超过定额时间5min扣1分,超过10min扣5分,超过15min扣10分,超过20min扣20分,超过25min扣30分,超过30min则停止考试				
	26	安全操作规程	违反扣总分10分/次				
总 评 分			100	总 得 分			
零件名称			图号 ZJC-01		加工日期	年 月 日	
加工开始 时 分			停工时间 分钟		加工时间	检测	
加工结束 时 分			停工原因		实际时间	评分	

表 4-2 数控车中级工练习题 1 工、量、刃具清单

序号	名称	规格	数量	备注
1	千分尺	0~25mm	1	
2	千分尺	25~50mm	1	
3	游标卡尺	0~150mm	1	
4	螺纹千分尺	25~50mm	1	
5	半径规	R1~R6.5mm	1	
6	刀具	外圆车刀	2	
7		60°螺纹车刀	1	
8		切槽车刀	1	宽4~5mm,长23mm
9	其他辅具	1. 垫刀片若干、油石等		
10		2. 铜皮(厚0.2mm,宽25mm×长60mm)		
11		3. 其他车工常用辅具		
12	材料	45钢,ϕ45mm×105mm 一段		
13	数控车床	CK6136i、CK6140		
14	数控系统	华中数控世纪星、SINUMERIK 802S 或 FANUC-0TD		

左端加工:

%ZC6Z

T0101 M08

S500 M03

G00 X50 Z2

G71 U1.5 R1 P60 Q100 X0.3 Z0.05 F120

G00 X100 Z150

T0202 S1200

G00 X50 Z2

N60 G00 X19

G01 Z0 F100

X21

G01 X25 Z−2

G01 Z−15

G01 X35 R4

G01 Z−48

G01 X40

G01 X42 Z−36

G01 Z−37

N100 G01 X45

G00 X100 Z150

M09

M05

M30

右端加工：

%ZC6Y

T0101

S500 M03

G00 X50 Z2 M08

G71 U1.5 R1 P65 Q110 X0.25 Z0.05 F120

G00 X100 Z150

T0202 S1200

N65 G00 X8

G01 Z0 F100

X10

G03 X20 Z−5 R5

G01 Z−11

G01 X23.8

G01 X27.8 Z−13

G01 Z−35

G01 X28

G01 Z−41

G02 X42 Z−48 R7

N110 G01 X45

G00 X100 Z150

T0303 S700

G00 X30 Z−35

G01 X24 F70

G01 X30

G01 Z—33

G01 X24

G01 X30

G00 X100 Z150

T0404

G00 X32 Z—4

G82 X27.1 Z—32 F2

X26.5 Z—32

X25.9 Z—32

X25.5 Z—32

X25.3 Z—32

X25.2 Z—32

G00 X100 Z150

M05

M09

M30

2. 数控车中级工练习题 2

（1）零件图

数控车中级工练习题 1 零件图如图 4-9 所示。

（2）评分表

数控车中级工练习题 2 评分表如表 4-3 所示。

（3）考核目标及操作提示

1）考核目标

① 能根据零件图的要求正确编制外圆沟槽的加工程序。

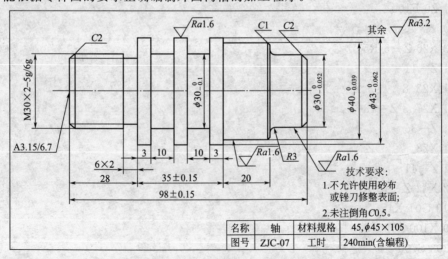

图 4-9　数控车中级工练习题 2 零件图

表 4-3　数控车中级工练习题 2 评分表

单位				准考证号		姓名			
检测项目		技术要求		配分	评分标准			检测结果	得分
外圆	1	$\phi 43_{-0.062}^{0}$	$Ra1.6$	5/4	超差 0.01 扣 3 分、降级无分				
	2	$\phi 40_{-0.039}^{0}$	$Ra1.6$	5/4	超差 0.01 扣 3 分、降级无分				
	3	$\phi 30_{-0.052}^{0}$	$Ra1.6$	5/4	超差 0.01 扣 3 分、降级无分				
圆弧	4	$R3$	$Ra3.2$	5/4	超差、降级无分				
螺纹	5	M30×2-5g/6g	大径	2	超差无分				
	6	M30×2-5g/6g	中径	6	超差无分				
	7	M30×2-5g/6g	两侧 $Ra3.2$	4	降级无分				
	8	M30×2-5g/6g	牙型角	2	不符合无分				
沟槽	9	6×2	两侧 $Ra3.2$	2/2	超差、降级无分				
	10	2-10	两侧 $Ra3.2$	4/4	超差、降级无分				
	11	2-5		4	降级无分				
	12	$2×\phi 30_{-0.1}^{0}$	$Ra3.2$	4/4	超差、降级无分				
长度	13	98±0.15		2/2	超差、降级无分				
	14	35±0.15		4	超差无分				
	15	28		4	超差无分				
	16	20		4	超差无分				
中心孔	17	A3.15/6.7		2	不符合无分				
倒角	18	2-2×45°		4	不符合无分				
	19	1×45°		2	不符合无分				
	20	未注倒角		2	不符合无分				
其他	21	工件完整	工件必须完整,工件局部无缺陷(如夹伤、划痕等)						
	22	程序编制	有严重违反工艺规程的取消考试资格,其他问题酌情扣分						
	23	加工时间	100min 后尚未开始加工则终止考试,超过定额时间 5min 扣 1 分,超过 10min 扣 5 分,超过 15min 扣 10 分,超过 20min 扣 20 分,超过 25min 扣 30 分,超过 30min 则停止考试						
	24	安全操作规程	违反扣总分 10 分/次						
总　评　分			100	总　得　分					
零件名称				图号 ZJC-02		加工日期	年　月　日		
加工开始　时　分		停工时间　分钟		加工时间		检测			
加工结束　时　分		停工原因		实际时间		评分			

② 能用合理的切削方法保证加工精度。

③ 掌握切槽的方法。

2）加工操作步骤

如图 4-9 所示,加工该零件时一般先加工零件右端,后调头（一夹一顶）加工零件右端。加工零件右端时,编程零点设置在零件右端面的轴心线上,程序名为％ZC7Y。加工零件左端时,编程零点设置在零件左端面的轴心线上,程序名为％ZC7Z。

零件右端加工步骤如下。

① 夹零件毛坯,伸出卡盘长度 45mm。

② 车端面、对刀。

③ 粗、精加工零件右端轮廓至 ϕ 43mm×54mm。

④ 回换刀点,程序结束。

零件左端加工步骤如下。

① 夹 ϕ 40mm 外圆（一夹一顶）。

② 车端面、对刀。

③ 粗、精加工左端轮廓至尺寸要求。

④ 切槽 6mm×2mm，2-10×φ30mm 至尺寸要求。

⑤ 粗、精加工螺纹至尺寸要求。

⑥ 回换刀点，程序结束。

3）注意事项

① 切槽时，刀头不宜过宽，否则容易引起振动。

② 切槽时，要注意排屑的顺利。

③ 合理使用相关编程指令，提高加工质量。

④ 一顶一夹编程加工时，注意换刀点位置，避免发生碰撞现象。

4）编程、操作加工时间。

① 编程时间：60min（占总分 25％）。

② 操作时间：180min（占总分 75％）。

（4）工、量、刃具清单

数控车中级工练习题 2 工、量、刃具清单如表 4-4 所示。

表 4-4 数控车中级工练习题 2 工、量、刃具清单

序号	名称	规格		数量	备注
1	千分尺	0～25mm		1	
2	千分尺	25～50mm		1	
3	游标卡尺	0～150mm		1	
4	螺纹千分尺	25～50mm		1	
5	半径规	$R1～R6.5$mm		1	
6		外圆车刀		2	
7	刀具	60°螺纹车刀		1	
8		切槽车刀		1	宽 4～5mm，长 23mm
9		1. 垫刀片若干、油石等			
10	其他辅具	2. 铜皮（厚 0.2mm，宽 25mm×长 60mm）			
11		3. 其他车工常用辅具			
12	材料	45 钢，φ45mm×105mm 一段			
13	数控车床	CK6136i、CK6140			
14	数控系统	华中数控世纪星、SINUMERIK 802S 或 FANUC-0TD			

（5）参考程序（华中数控世纪星）

刀具说明：1 号：外圆粗切车刀。2 号：外圆精切车刀。3 号：切槽、切断车刀。4 号：60°螺纹车刀。

右端加工：

%ZC7Y

T0101

S500 M03

G00 X50 Z2 M08

G71 U1.5 R1 P65 Q110 X0.25 Z0.05 F120

G00 X100 Z150

T0202 S1200

N65 G00 X24

G01 Z0 F100

X26

G01 X30 Z-2

G01 Z-15 R3

G01 X38

G01 X40 Z-16

G01 Z-35

G01 X42

G01 X43 Z-35.5

Z-41

N110 G01 X45

G00 X100 Z100 M05

M09

M30

左端加工：

%ZC7Z

T0101

S500 M03

G00 X50 Z2 M08

G71 U1.5 R1 P60 Q100 X0.25 Z0.05 F120

G00 X100 Z150

T0202 S1200

N60 G00 X24

G01 Z0

G01 X25.8 F100

G01 X29.8 Z-2

G01 Z-28

G01 X42

G01 X43 Z-28.5

G01 Z-58

N100 G01 X45

G00 X150 Z150

T0303 S700

G00 X45 Z-28

G01 X26 F70

G01 X45

G01 Z-26

G01 X26

G01 Z—28

G01 X45

G01 Z—43

G01 X30

G01 X45

G01 Z—39

G01 X30

G01 X45

G01 Z—37

G01 X30

G01 Z—43

G01 X45

G01 Z—58

G01 X30

G01 X45

G01 Z—54

G01 X30

G01 X45

G01 Z—52

G01 X30

G01 Z—58

G01 X45

G00 X100 Z150

T0404

G00 X34 Z5

G82 X29.1 Z—23 F2

G82 X28.5 Z—23 F2

G82 X28.1 Z—23 F2

G82 X27.7 Z—23 F2

G82 X27.3 Z—23 F2

G82 X27.2 Z—23 F2

G00 X100 Z150

M05

M09

M30

3. 数控车中级工练习题 3

（1）零件图

数控车中级工练习题 1 零件图如图 4-10 所示。

（2）评分表

数控车中级工练习题 3 评分表如表 4-5 所示。

（3）考核目标及操作提示

1）考核目标

① 能根据零件图正确编制加工程序。

② 能保证尺寸精度、表面粗糙度和形位公差。

2）加工操作步骤

如图 4-10 所示，加工该零件时一般先加工零件左端，后调头加工零件右端。加工零件左端时，编程零点设置在零件左端面的轴心线上，程序名为％ZC11Z。加工零件右端时，编程零点设置在零件右端面的轴心线上，程序名为％ZC11Y。

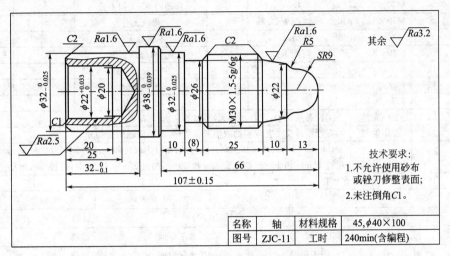

图 4-10　数控车中级工练习题 3 零件图

零件左端加工步骤如下。

① 夹右端，手动车左端面，用 ϕ20mm 麻花钻钻 ϕ20mm 底孔。

② 用 1 号外圆刀粗、精车左端 ϕ32mm 和 ϕ38mm 外圆。

③ 用 4 号内孔镗刀镗 ϕ22mm 内孔。

零件右端加工步骤如下。

① 调头夹 ϕ32mm 外圆，用 1 号外圆刀车右端面，车对总长，用 G71 轮廓循环粗、精车右端外形轮廓。

② 用 2 号切槽刀切 ϕ26mm 螺纹退刀槽，并用切槽刀右刀尖倒出 M30mm×1.5mm 螺纹左端 C2 倒角。

③ 用 3 号螺纹刀、G82 螺纹车削循环车 M30mm×1.5mm 螺纹。

3）注意事项

① 装夹零件时，注意换刀点位置，车刀不发生碰撞现象。

② 合理选择装夹位置，保证加工精度。

4）编程、操作加工时间。

① 编程时间：60min（占总分 25％）。

② 操作时间：180min（占总分 75％）。

（4）工、量、刃具清单

数控车中级工练习题 3 工、量、刃具清单如表 4-6 所示。

表 4-5　数控车中级工练习题 3 评分表

单位				准考证号		姓名		
检测项目		技术要求		配分	评分标准		检测结果	得分
外圆	1	$\phi 32^{0}_{-0.025}$	$Ra1.6$	12/4	超差 0.01 扣 2 分、降级无分			
	2	$\phi 38^{0}_{-0.039}$	$Ra1.6$	12/4	超差 0.01 扣 2 分、降级无分			
内孔	3	$\phi 22^{+0.033}_{0}$	$Ra3.2$	12/4	超差 0.01 扣 2 分、降级无分			
圆弧	4	$SR3$	$Ra3.2$	5/4	超差、降级无分			
	5	$R5$	$Ra3.2$	5/4	超差、降级无分			
螺纹	6	M30×1.5-5g/6g	大径	5	超差无分			
	7	M30×1.5-5g/6g	中径	5	降超差 0.01 扣 4 分			
	8	M30×1.5-5g/6g	两侧 $Ra3.2$	4	降级无分			
	9	M30×1.5-5g/6g	牙型角	2	不符合无分			
沟槽	10	$\phi 26×8$	两侧 $Ra3.2$	2/2	超差、降级无分			
倒角	11	4 处		4	少一处扣一分			
长度	12	$\phi 32^{0}_{-0.1}$		5	超差无分			
	13	107±0.15		5	超差无分			
其他	14	工件完整	工件必须完整，工件局部无缺陷（如夹伤、划痕等）					
	15	程序编制	有严重违反工艺规程的取消考试资格，其他问题酌情扣分					
	16	加工时间	100min 后尚未开始加工则终止考试，超过定额时间 5min 扣 1 分，超过 10min 扣 5 分，超过 15min 扣 10 分，超过 20min 扣 20 分，超过 25min 扣 30 分，超过 30min 则停止考试					
	17	安全操作规程	违反扣总分 10 分/次					
总　评　分			100	总　得　分				

零件名称			图号 ZJC-02		加工日期	年 月 日	
加工开始	时　分	停工时间　分钟		加工时间		检测	
加工结束	时　分	停工原因		实际时间		评分	

表 4-6　数控车中级工练习题 3 工、量、刃具清单

序号	名称	规格	数量	备注
1	千分尺	0～25mm	1	
2	千分尺	25～50mm	1	
3	游标卡尺	0～150mm	1	
4	螺纹千分尺	25～50mm	1	
5	半径规	$R1～R6.5mm$ $R7～R14.5mm$	2	
6	刀具	内孔镗刀	1	
7		外圆车刀	2	93°正偏刀
8		60°螺纹车刀	1	
9		切槽车刀	1	宽 4～5mm，长 23mm
10	其他辅具	1. 垫刀片若干、油石等		
11		2. 铜皮（厚 0.2mm，宽 25mm×长 60mm）		
12		3. 其他车工常用辅具		
13	材料	45 钢，$\phi 45mm×105mm$ 一段		
14	数控车床	CK6136i、CK6140		
15	数控系统	华中数控世纪星、SINUMERIK 802S 或 FANUC-0TD		

（5）参考程序（华中数控世纪星）

刀具说明：1 号：93°正偏刀。2 号：切槽刀（刀宽 4mm）。3 号：60°外螺纹车刀。4 号：内孔镗刀。

左端加工：

%ZC11Z

T0101

S500 M03

G00 X50 Z2 M08

G71 U1.5 R1 P10 Q20 X0.25 Z0.05 F120

N10 G00 X24

G01 X32 Z−2 F100 S1200

Z−32

X36

X38 Z−33

Z−42

N20 X48

G00 X100 Z150

T0404

G00 X21.6 Z4 S500

G01 Z−20 F80

X18

G00 Z4

X24

G01 Z0 F60 S1000

X22 Z−1

Z−20

X18

G00 Z150

X100

M09

M05

M30

右端加工：

%ZC11Y

T0101

S500 M03

G00 X50 Z2 M08

G71 U1.5 R1 P30 Q40 X0.25 Z0.05 F120

N30 G00 X0

G01 Z0 F100 S1200

G03 X18 Z−9 R9

G02 X22 Z−13 R5

G01 X26 Z−23

X29.8 W—1.9

Z—56

X30

X32 Z—57

Z—66

X36

X38 Z—67

N40 X48

G00 X100 Z150

T0202

G00 X36 Z—52

G01 X26 F70 S700

X36

Z—56

X26

Z—52

U2 W2

X38

G00 X100 Z150

T0303

G00 X36 Z—18

G82 X29.1 Z—50 F1.5

X28.5 Z—50

X27.9 Z—50

X27.5 Z—50

X27.3 Z—50

X27.25 Z—50

G00 X100 Z150

M05

M09

M30

1. 职业概况

1.1 职业名称

数控车工。

1.2 职业定义

从事编制数控加工程序并操作数控车床进行零件车削加工的人员。

1.3 职业等级

本职业共设四个等级，分别为：中级（国家职业资格四级）、高级（国家职业资格三级）、技师（国家职业资格二级）、高级技师（国家职业资格一级）。

1.4 职业环境

室内、常温。

1.5 职业能力特征

具有较强的计算能力和空间感，形体知觉及色觉正常，手指、手臂灵活，动作协调。

1.6 基本文化程度

高中毕业（或同等学力）。

1.7 培训要求

1.7.1 培训期限

全日制职业学校教育，根据其培养目标和教学计划确定。晋级培训期限：中级不少于400标准学时；高级不少于300标准学时；技师不少于200标准学时；高级技师不少于200标准学时。

1.7.2 培训教师

培训中、高级人员的教师应取得本职业技师及以上职业资格证书或相关专业中级及以上专业技术职称任职资格；培训技师的教师应取得本职业高级技师职业资格证书或相关专业高级专业技术职称任职资格；培训高级技师的教师应取得本职业高级技师职业资格证书2年以上或取得相关专业高级专业技术职称任职资格2年以上。

1.7.3 培训场地设备

满足教学要求的标准教室、计算机机房及配套的软件、数控车床及必要的刀具、夹具、量具和辅助设备等。

1.8 鉴定要求

1.8.1 适用对象

从事或准备从事本职业的人员。

1.8.2 申报条件

——**中级：（具备以下条件之一者）**

（1）经本职业中级正规培训达规定标准学时数，并取得结业证书。

（2）连续从事本职业工作5年以上。

（3）取得经劳动保障行政部门审核认定的，以中级技能为培养目标的中等以上职业学校本职业（或相关专业）毕业证书。

（4）取得相关职业中级《职业资格证书》后，连续从事本职业2年以上。

——高级：（具备以下条件之一者）

（1）取得本职业中级职业资格证书后，连续从事本职业工作2年以上，经本职业高级正规培训，达到规定标准学时数，并取得结业证书。

（2）取得本职业中级职业资格证书后，连续从事本职业工作4年以上。

（3）取得劳动保障行政部门审核认定的，以高级技能为培养目标的职业学校本职业（或相关专业）毕业证书。

（4）大专以上本专业或相关专业毕业生，经本职业高级正规培训，达到规定标准学时数，并取得结业证书。

——技师：（具备以下条件之一者）

（1）取得本职业高级职业资格证书后，连续从事本职业工作4年以上，经本职业技师正规培训达规定标准学时数，并取得结业证书。

（2）取得本职业高级职业资格证书的职业学校本职业（专业）毕业生，连续从事本职业工作2年以上，经本职业技师正规培训达规定标准学时数，并取得结业证书。

（3）取得本职业高级职业资格证书的本科（含本科）以上本专业或相关专业的毕业生，连续从事本职业工作2年以上，经本职业技师正规培训达规定标准学时数，并取得结业证书。

——高级技师：

取得本职业技师职业资格证书后，连续从事本职业工作4年以上，经本职业高级技师正规培训达规定标准学时数，并取得结业证书。

1.8.3　鉴定方式

分为理论知识考试和技能操作考核。理论知识考试采用闭卷方式，技能操作（含软件应用）考核采用现场实际操作和计算机软件操作方式。理论知识考试和技能操作（含软件应用）考核均实行百分制，成绩皆达60分及以上者为合格。技师和高级技师还需进行综合评审。

1.8.4　考评人员与考生配比

理论知识考试考评人员与考生配比为1∶15，每个标准教室不少于2名相应级别的考评员；技能操作（含软件应用）考核考评员与考生配比为1∶2，且不少于3名相应级别的考评员；综合评审委员不少于5人。

1.8.5　鉴定时间

理论知识考试为120分钟，技能操作考核中实操时间为：中级、高级不少于240分钟，技师和高级技师不少于300分钟，技能操作考核中软件应用考试时间为不超过120分钟，技师和高级技师的综合评审时间不少于45分钟。

1.8.6　鉴定场所设备

理论知识考试在标准教室里进行，软件应用考试在计算机机房进行，技能操作考核在配备必要的数控车床及必要的刀具、夹具、量具和辅助设备的场所进行。

2. 基本要求

2.1　职业道德

2.1.1　职业道德基本知识

2.1.2 职业守则

(1) 遵守国家法律、法规和有关规定

(2) 具有高度的责任心、爱岗敬业、团结合作

(3) 严格执行相关标准、工作程序与规范、工艺文件和安全操作规程

(4) 学习新知识新技能、勇于开拓和创新

(5) 爱护设备、系统及工具、夹具、量具

(6) 着装整洁，符合规定；保持工作环境清洁有序，文明生产

2.2 基础知识

2.2.1 基础理论知识

(1) 机械制图

(2) 工程材料及金属热处理知识

(3) 机电控制知识

(4) 计算机基础知识

(5) 专业英语基础

2.2.2 机械加工基础知识

(1) 机械原理

(2) 常用设备知识（分类、用途、基本结构及维护保养方法）

(3) 常用金属切削刀具知识

(4) 典型零件加工工艺

(5) 设备润滑和冷却液的使用方法

(6) 工具、夹具、量具的使用与维护知识

(7) 普通车床、钳工基本操作知识

2.2.3 安全文明生产与环境保护知识

(1) 安全操作与劳动保护知识

(2) 文明生产知识

(3) 环境保护知识

2.2.4 质量管理知识

(1) 企业的质量方针

(2) 岗位质量要求

(3) 岗位质量保证措施与责任

2.2.5 相关法律、法规知识

(1) 劳动法的相关知识

(2) 环境保护法的相关知识

(3) 知识产权保护法的相关知识

3. 工作要求

本标准对中级、高级、技师和高级技师的技能要求依次递进，高级别涵盖低级别的要求。

3.1 中级

中级工作内容、技能要求及相关知识见表1。

表1　中级工作内容、技能要求及相关知识

职业功能	工作内容	技能要求	相关知识
一、加工准备	(一)读图与绘图	1. 能读懂中等复杂程度(如:曲轴)的零件图 2. 能绘制简单的轴、盘类零件图 3. 能读懂进给机构、主轴系统的装配图	1. 复杂零件的表达方法 2. 简单零件图的画法 3. 零件三视图、局部视图和剖视图的画法 4. 装配图的画法
	(二)制定加工工艺	1. 能读懂复杂零件的数控车床加工工艺文件 2. 能编制简单(轴、盘)零件的数控加工工艺文件	数控车床加工工艺文件的制定
	(三)零件定位与装夹	能使用通用卡具(如三爪卡盘、四爪卡盘)进行零件装夹与定位	1. 数控车床常用夹具的使用方法 2. 零件定位、装夹的原理和方法
	(四)刀具准备	1. 能够根据数控加工工艺文件选择、安装和调整数控车床常用刀具 2. 能够刃磨常用车削刀具	1. 金属切削与刀具磨损知识 2. 数控车床常用刀具的种类、结构和特点 3. 数控车床、零件材料、加工精度和工作效率对刀具的要求
二、数控编程	(一)手工编程	1. 能编制由直线、圆弧组成的二维轮廓数控加工程序 2. 能编制螺纹加工程序 3. 能够运用固定循环、子程序进行零件的加工程序编制	1. 数控编程知识 2. 直线插补和圆弧插补的原理 3. 坐标点的计算方法
	(二)计算机辅助编程	1. 能够使用计算机绘图设计软件绘制简单(轴、盘、套)零件图 2. 能够利用计算机绘图软件计算节点	计算机绘图软件(二维)的使用方法
三、数控车床操作	(一)操作面板	1. 能够按照操作规程启动及停止机床 2. 能使用操作面板上的常用功能键(如回零、手动、MDI、修调)	1. 熟悉数控车床操作说明书 2. 数控车床操作面板的使用方法
	(二)程序输入与编辑	1. 能够通过各种途(DNC、网络等)输入加工程序 2. 能够通过操作面板编辑加工程序	1. 数控加工程序的编辑方法、输入方法 2. 网络知识
	(三)对刀	1. 能进行对刀并并确定相关坐标系 2. 能设置刀具参数	1. 对刀的方法 2. 坐标系的知识 3. 刀具偏置补偿、半径补偿与刀具参数的输入方法
	(四)程序调试与运行	能够对程序进行校验、单步执行、空运行并完成零件试切	程序调试的方法

续表

职业功能	工作内容	技能要求	相关知识
四、零件加工	(一)轮廓加工	1. 能进行轴、套类零件加工，并达到以下要求： (1)尺寸公差等级：IT6 (2)形位公差等级：IT8 (3)表面粗糙度：$Ra1.6\mu m$ 2. 能进行盘类、支架类零件加工，并达到以下要求： (1)轴径公差等级：IT6 (2)孔径公差等级：IT7 (3)形位公差等级：IT8 (4)表面粗糙度：$Ra1.6\mu m$	1. 内外径的车削加工方法、测量方法 2. 形位公差的测量方法 3. 表面粗糙度的测量方法
	(二)螺纹加工	能进行单线等节距的普通三角螺纹、锥螺纹的加工，并达到以下要求： (1)尺寸公差等级：IT6~IT7 级 (2)形位公差等级：IT8 (3)表面粗糙度：$Ra1.6\mu m$	1. 常用螺纹的车削加工方法 2. 螺纹加工中的参数计算
	(三)槽类加工	能进行内径槽、外径槽和端面槽的加工，并达到以下要求： (1)尺寸公差等级：IT8 (2)形位公差等级：IT8 (3)表面粗糙度：$Ra3.2\mu m$	内、外径槽和端槽的加工方法
	(四)孔加工	能进行孔加工，并达到以下要求： (1)尺寸公差等级：IT7 (2)形位公差等级：IT8 (3)表面粗糙度：$Ra3.2\mu m$	孔的加工方法
	(五)零件精度检验	能够进行零件的长度、内外径、螺纹、角度精度检验	1. 通用量具的使用方法 2. 零件精度检验及测量法
五、数控车床维护与精度检验	(一)数控车床日常维护	能够根据说明书完成数控车床的定期及不定期维护保养，包括：机械、电气、液压、数控系统检查和日常保养等	1. 数控车床说明书 2. 数控车床日常保养方法 3. 数控车床操作规程 4. 数控系统(进口与国产数控系统)使用说明书
	(二)数控车床故障诊断	1. 能读懂数控系统的报警信息 2. 能发现数控车床的一般故障	1. 数控系统的报警信息 2. 机床的故障诊断方法
	(三)机床精度检查	能够检查数控车床的常规几何精度	数控车床常规几何精度的检查方法

3.2 高级

高级工作内容、技能要求及相关知识见表2。

表2 高级工作内容、技能要求及相关知识

职业功能	工作内容	技能要求	相关知识
一、加工准备	(一)读图与绘图	1. 能够读懂中等复杂程度(如:刀架)的装配图 2. 能够根据装配图拆画零件图 3. 能够测绘零件	1. 根据装配图拆画零件图的方法 2. 零件的测绘方法
	(二)制定加工工艺	能编制复杂零件的数控车床加工工艺文件	复杂零件数控加工工艺文件的制定
	(三)零件定位与装夹	1. 能选择和使用数控车床组合夹具和专用夹具 2. 能分析并计算车床夹具的定位误差 3. 能够设计与自制装夹辅具(如心轴、轴套、定位件等)	1. 数控车床组合夹具和专用夹具的使用、调整方法 2. 专用夹具的使用方法 3. 夹具定位误差的分析与计算方法
	(四)刀具准备	1. 能够选择各种刀具及刀具附件 2. 能够根据难加工材料的特点,选择刀具的材料、结构和几何参数 3. 能够刃磨特殊车削刀具	1. 专用刀具的种类、用途、特点和刃磨方法 2. 切削难加工材料
二、数控编程	(一)手工编程	能运用变量编程编制含有公式曲线的零件数控加工程序	1. 固定循环和子程序的编程方法 2. 变量编程的规则和方法
	(二)计算机辅助编程	能用计算机绘图软件绘制装配图	计算机绘图软件的使用方法
	(三)数控加工仿真	能利用数控加工仿真软件实施加工过程仿真以及加工代码检查、干涉检查、工时估算	数控加工仿真软件的使用方法
三、零件加工	(一)轮廓加工	能进行细长、薄壁零件加工,并达到以下要求: (1)轴径公差等级:IT6 (2)孔径公差等级:IT7 (3)形位公差等级:IT8 (4)表面粗糙度:$Ra1.6\mu m$	细长、薄壁零件加工的特点及装卡、车削方法
	(二)螺纹加工	1. 能进行单线和多线等节距的T型螺纹、锥螺纹加工,并达到以下要求: (1)尺寸公差等级:IT6 (2)形位公差等级:IT8 (3)表面粗糙度:$Ra1.6\mu m$ 2. 能进行变节距螺纹的加工,并达到以下要求: (1)尺寸公差等级:IT6 (2)形位公差等级:IT7 (3)表面粗糙度:$Ra1.6\mu m$	1. T型螺纹、锥螺纹加工中的参数计算 2. 变节距螺纹的车削加工方法
	(三)孔加工	能进行深孔加工,并达到以下要求: (1)尺寸公差等级:IT6 (2)形位公差等级:IT8 (3)表面粗糙度:$Ra1.6\mu m$	深孔的加工方法
	(四)配合件加工	能按装配图上的技术要求对套件进行零件加工和组装,配合公差达到:IT7级	套件的加工方法
	(五)零件精度检验	1. 能够在加工过程中使用百(千)分表等进行在线测量,并进行加工技术参数的调整 2. 能够进行多线螺纹的检验 3. 能进行加工误差分析	1. 百(千)分表的使用方法 2. 多线螺纹的精度检验方法 3. 误差分析的方法
四、数控车床维护与精度检验	(一)数控车床日常维护	1. 能判断数控车床的一般机械故障 2. 能完成数控车床的定期维护保养	1. 数控车床机械故障和排除方法 2. 数控车床液压原理和常用液压元件
	(二)机床精度检验	1. 能够进行机床几何精度检验 2. 能够进行机床切削精度检验	1. 机床几何精度检验内容及方法 2. 机床切削精度检验内容及方法

3.3 技师

技师工作内容、技能要求及相关知识见表3。

表3 技师工作内容、技能要求及相关知识

职业功能	工作内容	技能要求	相关知识
一、加工准备	(一)读图与绘图	1. 能绘制工装装配图 2. 能读懂常用数控车床的机械结构图及装配图	1. 工装装配图的画法 2. 常用数控车床的机械原理图及装配图的画法
	(二)制定加工工艺	1. 能编制高难度、高精密、特殊材料零件的数控加工多工种工艺文件 2. 能对零件的数控加工工艺进行合理性分析,并提出改进建议 3. 能推广应用新知识、新技术、新工艺、新材料	1. 零件的多工种工艺分析方法 2. 数控加工工艺方案合理性的分析方法及改进措施 3. 特殊材料的加工方法 4. 新知识、新技术、新工艺、新材料
	(三)零件定位与装夹	能设计与制作零件的专用夹具	专用夹具的设计与制造方法
	(四)刀具准备	1. 能够依据切削条件和刀具条件估算刀具的使用寿命 2. 根据刀具寿命计算并设置相关参数 3. 能推广应用新刀具	1. 切削刀具的选用原则 2. 延长刀具寿命的方法 3. 刀具新材料、新技术 4. 刀具使用寿命的参数设定方法
二、数控编程	(一)手工编程	能够编制车削中心、车铣中心的三轴及三轴以上(含旋转轴)的加工程序	编制车削中心、车铣中心加工程序的方法
	(二)计算机辅助编程	1. 能用计算机辅助设计/制造软件进行车削零件的造型和生成加工轨迹 2. 能够根据不同的数控系统进行后置处理并生成加工代码	1. 三维造型和编程 2. 计算机辅助设计/制造软件(三维)的使用方法
	(三)数控加工仿真	能够利用数控加工仿真软件分析和优化数控加工工艺	数控加工仿真软件的使用方法
三、零件加工	(一)轮廓加工	1. 能编制数控加工程序车削多拐曲轴达到以下要求: (1)直径公差等级:IT6 (2)表面粗糙度:$Ra1.6\mu m$ 2. 能编制数控加工程序对适合在车削中心加工的带有车削、铣削等工序的复杂零件进行加工	1. 多拐曲轴车削加工的基本知识 2. 车削加工中心加工复杂零件的车削方法
	(二)配合件加工	能进行两件(含两件)以上具有多处尺寸链配合的零件加工与配合	多尺寸链配合的零件加工方法
	(三)零件精度检验	能根据测量结果对加工误差进行分析并提出改进措施	精密零件的精度检验方法、检具设计知识
四、数控车床维护与精度检验	(一)数控车床维护	1. 能够分析和排除液压和机械故障 2. 能借助字典阅读数控设备的主要外文信息	1. 数控车床常见故障诊断及排除方法 2. 数控车床专业外文知识
	(二)机床精度检验	能够进行机床定位精度、重复定位精度的检验	机床定位精度检验、重复定位精度检验的内容及方法
五、培训与管理	(一)操作指导	能指导本职业中级、高级进行实际操作	操作指导书的编制方法
	(二)理论培训	1. 能对本职业中级、高级和技师进行理论培训 2. 能系统地讲授各种切削刀具的特点和使用方法	1. 培训教材的编写方法 2. 切削刀具的特点和使用方法
	(三)质量管理	能在本职工作中认真贯彻各项质量标准	相关质量标准
	(四)生产管理	能协助部门领导进行生产计划、调度及人员的管理	生产管理基本知识
	(五)技术改造与创新	能够进行加工工艺、夹具、刀具的改进	数控加工工艺综合知识

3.4 高级技师

高级技师工作内容、技能要求及相关知识见表4。

表4 高级技师工作内容、技能要求及相关知识

职业功能	工作内容	技能要求	相关知识
一、工艺分析于设计	(一)读图与绘图	1. 能绘制复杂工装装配图 2. 能读懂常用数控车床的电气、液压原理图	1. 复杂工装设计方法 2. 常用数控车床电气、液压原理图的画法
	(二)制定加工工艺	1. 能对高难度、高精密零件的数控加工工艺方案进行优化并实施 2. 能编制多轴车削中心的数控加工工艺文件 3. 能够对零件加工工艺提出改进建议	1. 复杂、精密零件加工工艺的系统知识 2. 车削中心、车铣中心加工工艺文件编制方法
	(三)零件定位与装夹	能对现有的数控车床夹具进行误差分析并提出改进建议	误差分析方法
	(四)刀具准备	能根据零件要求设计刀具,并提出制造方法	刀具的设计与制造知识
二、零件加工	(一)异形零件加工	能解决高难度(如十字座类、连杆类、叉架类等异形零件)零件车削加工的技术问题、并制定工艺措施	高难度零件的加工方法
	(二)零件精度检验	能够制定高难度零件加工过程中的精度检验方案	在机械加工全过程中影响质量的因素及提高质量的措施
三、数控车床维护与精度检验	(一)数控车床维护	1. 能借助字典看懂数控设备的主要外文技术资料 2. 能够针对机床运行现状合理调整数控系统相关参数 3. 能根据数控系统报警信息判断数控车床故障	1. 数控车床专业外文知识 2. 数控系统报警信息
	(二)机床精度检验	能够进行机床定位精度、重复定位精度的检验	机床定位精度和重复定位精度的检验方法
	(三)数控设备网络化	能够借助网络设备和软件系统实现数控设备的网络化管理	数控设备网络接口及相关技术
四、培训与管理	(一)操作指导	能指导本职业中级、高级和技师进行实际操作	操作理论教学指导书的编写方法
	(二)理论培训	能对本职业中级、高级和技师进行理论培训	教学计划与大纲的编制方法
	(三)质量管理	能应用全面质量管理知识,实现操作过程的质量分析与控制	质量分析与控制方法
	(四)技术改造与创新	能够组织实施技术改造和创新,并撰写相应的论文	科技论文撰写方法

3.5 比重表（理论知识）

项	目	中级/%	高级/%	技师/%	高级技师/%
基本要求	职业道德	5	5	5	5
	基础知识	20	20	15	15
相关知识	加工准备	15	15	30	—
	数控编程	20	20	10	—
	数控车床操作	5	5	—	—
	零件加工	30	30	20	15
	数控车床维护与精度检验	5	5	10	10
	培训与管理	—	—	10	15
	工艺分析与设计	—	—	—	40
合	计	100	100	100	100

参 考 文 献

［1］ 袁锋主编. 数控车床培训教程. 北京：机械工业出版社，2005.

［2］ 周晓宏主编. 数控车床操作技能考核培训教程. 北京：中国劳动社会保障出版社，2005.

［3］ 韩鸿鸾，张秀玲主编. 数控加工技师手册. 北京：机械工业出版社，2005.

［4］ 陈宏钧，方向明，马素敏等编. 典型零件机械加工生产实例. 北京：机械工业出版社，2005.

［5］ 周虹主编. 数控编程与操作. 西安：西安电子科技大学出版社，2007.

［6］ 周虹主编. 数控加工工艺与编程. 北京：人民邮电出版社，2004.

［7］ 赵松涛主编. 数控编程与操作. 西安：西安电子科技大学出版社，2006.

［8］ 詹华西主编. 数控加工与编程. 西安：西安电子科技大学出版社，2003.

［9］ 詹华西主编. 数控加工技术实训教程. 西安：西安电子科技大学出版社，2006.

［10］ 冯志刚主编. 数控宏程序编程方法技巧与实例. 北京：机械工业出版社，2007.

［11］ 孙德茂主编. 数控机床车削加工直接编程技术. 北京：机械工业出版社，2005.

［12］ 陈云卿主编. 数控车床编程与技能训练. 北京：化学工业出版社，2011.